아시아인의
와인 마스터

지니 조 리 Jeannie Cho Lee MW 지음
박원숙 Wonsook Park 옮김

GASAN BOOKS

Mastering Wine for the Asian Palate

아시아인의 와인 마스터

2015년 5월 25일 초판 발행

지은이 지니 조 리 **옮긴이** 박원숙 **펴낸이** 이종헌
펴낸곳 가산출판사 **출판 등록** 1995년 12월 7일(제10-1238호)
주소 서울시 서대문구 경기대로 76 / TEL (02) 3272-5530 / FAX (02) 3272-5532
E-mail tree620@nate.com

ISBN 978-89-6707-008-3 93590
ISBN 978-89-6707-007-6 (세트)

| 일러두기 |
- 외국어는 외래어 표기법에 따라 표기하였으나 예외로 내용상 다르게 표기한 부분도 있습니다.
- 지역명, 품종명, 음식명 등 외국어 표기가 필요한 고유명사와 용어는 한국어 뒤에 배열했습니다.
- 한글로 표기하기 어려운 부분은 발음대로 표기하거나 번역하지 않은 부분도 있습니다.

헌사

언제나 믿음직한 남편 이보인 Joe,
나를 끊임없이 삶의 정수로 돌아오게 해주는
화진 Katherine, 정화 Lauren, 주영 Christina, 진영 Julia
네 딸에게 드립니다.

〈아시아인의 와인 마스터〉는 와인을 아시아 고유의 언어로 표현하며
동서양의 문화가 서로 어울리게 하는 책이다.

작가에 대하여

지니 조 리Jeannie Cho Lee는 2008년 아시아인으로는 최초로 '와인 마스터Master of Wine, MW' 학위를 받았다. 처음 출간된 책 〈아시아의 맛〉은 국제요리전문가협회ICAP의 '와인과 맥주, 스피릿' 부문에서 '음식과 와인 매칭에 대한 세계 최고의 책'으로 2009년 구르망 상을 받았다. 2011년에는 국제와인협회OIV의 '와인과 음식' 부문에서 수상했으며 영국의 앙드레 시몬 상의 수상자로도 이름을 올렸다. 이 책의 영어판은 e북으로 다운 받아 읽을 수 있다.

지니는 와인 평가와, 아시아 음식과 와인 매칭에 대한 사이트인 AsianPalate.com을 운영하고 있다. AsianPalate.com은 빠르게 변하고 있는 와인 세계의 소식과 아시아 음식과 와인에 대한 깊이 있는 논의를 이끌어 가고 있다.

지니는 와인 컨설턴트로 싱가포르 항공의 와인 선정을 맡고 있으며, 갤럭시 마카오 리조트의 컨설턴트로 와인 리스트를 만들고 관련 50여 개의 레스토랑 와인 선정을 담당했다.

지니는 타고난 문필가로 영국 잡지 〈디켄터*Decanter*〉의 아시아 담당 고문이며 경제지 〈에셋*The Asset*〉의 고문이다. 또 수년간 〈와인 스펙테이터*Wine Spectator*〉, 〈레뷰 듀 뱅*Revue du Vin*〉, 〈호주 음식 기행*Australian Gourmet Traveller*〉, 〈타틀러 베스트 레스토랑*Tatler's Best Restaurants*〉에도 기고하고 있다. 홍콩의 〈사우스 차이나 모닝 포스트〉, 중국의 〈차이나 비즈니스 뉴스〉 등 주간지와, 대만의 〈디켄터〉, 한국과 중국의 〈노블레스〉 등 월간지에도 와인 칼럼을 쓰고 있다.

와인 시장 동향에 대한 기고와 컨설팅도 하고 있으며, 2010년 12월에는 〈아시아 와인 인사이더－중국*Asia Wine Insider-China*〉이라는 중국 와인 정보 보고서를 출판했다.

지니는 런던의 디켄터 세계 와인 상Decanter World Wine Awards, 독일의 문두스 비니Mundus Vini, 호주의 로얄 아델리이데 와인 쇼Royal Adelaide Wine Show 등 국제 와인 대회의 심사를 맡고 있다.

지니는 영국의 와인과 스피릿 교육협회와 미국 와인교육자협회의 와인 교육 자격증CWE을 갖고 있으며, 또 꼬르동 블루Cordon Bleu의 요리 자격증, 일본 사케서비스협회의 사케 소믈리에 자격증도 갖고 있다. 교육에 대한 관심이 결실을 맺어 영국의 고급 와인 상인 베리 브로스 앤 러드Berry Bros & Rudd와 함께 홍콩에 더 파인 와인 스쿨The Fine Wine School을 설립하게 되었다.

2009년에는 와인 산업에 대한 공로로 빈이탈리 국제 상Vinitaly International Award을 받았으며, 2011년에는 〈디켄터〉가 2년에 한번 씩 선정하는 와인 인명사전에 세계의 가장 영향력 있는 인물 26위에 올랐다.

지니(조지연)는 대한민국 출생이다. 여섯 살에 가족과 함께 미국으로 갔으며 뉴욕과 보스턴, 런던, 쿠알라룸푸르 등 여러 도시에서 살았다. 1994년 이후 홍콩에서 거주하고 있다. 와인에 대한 지니의 관심은 교환 학생으로 옥스퍼드대학교에서 3학년 재학중 시작되었다. 미국 스미스대학교에서 정치학 학사와 하버드대학교에서 국제정치학 석사 학위를 받았다.

넓은 네트워크를 기반으로 지니는 와인 산업 관련 교류와 다국적인 관광 산업체 등의 연사 또는 컨설턴트로 초빙되며 바쁘게 활동하고 있다. 또한 매년 정기적으로 유럽의 와인 산지에 초대되어 보르도 엉프르미에en primeurs 등 테이스팅 행사에 참가한다.

지니는 현재 르팡 미디어LE PAN media 대표이며, 월간지 〈르팡*LE PAN*〉을 발행하고 있다. 이 잡지는 국제적인 고급 와인을 다루고 있으며 영어판과 중국어판으로 발행된다. 홍콩전문대학 와인학 교수로 재직중이며 국제 와인 심사관, 연사, 기고가, 교육자로서 아시아는 물론 유럽과 미국 등에서 광범위하게 활동하고 있다.

와인에 빠져 있지 않을 때는 요리하기를 즐기며 골프를 치고 글을 쓴다. 결혼하여 네 딸이 있다.

추천의 글

아시아 용어를 새로이 와인 용어에 도입한 지니의 두 번째 책 〈아시아인의 와인 마스터〉에 인사말을 쓰게 되어 정말 기쁘다. 2009년에 아시아 음식과 와인 매칭을 소개하는 첫 번째 책 〈아시아의 맛〉이 출간되었을 때, 나는 많은 사람들이 어렵게 생각했던 분야를 개척한 지니에게 진심으로 박수를 보냈다. 이 책이 '음식과 와인 매칭에 대한 최고의 책'으로 국제적인 구르망 상을 받게 되었을 때에도 나는 당연한 수상이라 생각했다.

오랫동안 지니를 알았고 아시아의 '와인 마스터MW' 1호인 그녀의 발전을 늘 지켜보았다. 최근 지니가 늘어나는 아시아 와인 애호가를 위하여 와인 용어를 확장하는 새로운 분야를 탐구한다는 소식을 듣고 무척 반가웠다.

〈아시아인의 와인 마스터〉은 개인적인 차원에서도 내 마음에 다가온다. 책의 목적은 분명하며 아시아 음식 문화와 와인 세계를 연결해 보려는 것이다. 나도 아시아 음식, 특히 일본 음식에서 큰 영감을 받았으며 아시아의 식재료를 프랑스 요리에 도입함으로써 몇 개의 다리를 놓은 셈이다. 요즘도 아시아 각 도시를 두루 여행하며 훌륭한 식재료를 찾아 끊임없이 배우며 발전하고 있다.

음식과 와인을 통해 인간 관계가 형성되고 화합한다는 지니의 철학에도 나는 전적으로 동감한다. 이는 〈아시아의 맛〉과 〈아시아인의 와인 마스터〉 두 책에 그대로 구체화되어 있다. 아시아 음식에 길들여진 그녀 고유의 미각이, 벽으로 막혀 있던 와인의 세계를 향해 창을 내고 시원한 바람을 통하게 해주는 것 같다. 아시아 음식에 익숙한 세계 곳곳의 와인 애호가들은 의미 있고 기억하기 쉬운 지니의 새 용어와 함께 와인과 한층 더 친해지리라 믿는다.

고급 음식의 국경은 허물어졌으며 음식의 세계도 어느 때보다 경계가 모호해졌다. 아시아 음식과 와인 매칭은 자연스러운 일이 되었으며, 지니는 이러한 세계적인 추세를 반영하는 책을 출판하여 동서 문화의 연결 고리를 만든 셈이다. 지니는 또 한 번 새로운 주제를 갖고 에너지를 불어넣는 독특한 교육적 방법으로 〈아시아인의 와인 마스터〉를 집필했다. 이 책도 분명히 성공할 것이며 음식 애호가로부터 와인 전문가까지 모든 사람들에게 소중한 책이 될 것이다.

조엘 로부숑 Joël Robuchon

'세기의 셰프'라고 칭송 받는 요리의 천재이다. 50여년의 경력 중 프랑스 최고 요리사Meilleur Ouvrier de France, 올해의 셰프Chef de l'annee 등 무수한 상을 받았으며, 세계에서 26개의 미슐랭 스타Michelin stars 레스토랑을 경영하는 유일한 셰프이다.

역자의 글

와인은 서양에서 유래한 술이며 서양 음식과 함께 발전해 왔으니 서양인의 시각으로 가르치고 배울 수밖에 없었다. 우리말로 쓴 안내서도 많이 있으나 우리나라에 와인이 소개된 지 20~30년에 불과하니 깊이 있는 내용을 다룰 수 없었고, 또 대부분이 개인 경험을 바탕으로 한 일반적인 책이었다. 〈아시아인의 와인 마스터〉는 총체적이며, 독창적인 방식으로 와인을 설명한다. 체계적인 와인 학습을 토대로 하여 한국인 와인 마스터가 자신감 있게 쓴 책이다.

지니는 한국에서 태어나 서양에서 교육받았으며, 또 아시아의 각 나라를 옮겨 다니며 산 경험이 있다. 프랑스 요리 과정과 영국의 와인 마스터 과정을 끝내고 오랫동안 국제적 감각을 몸으로 익혔다. 아시아의 식재료를 새롭게 와인 용어에 도입한 것도 지니처럼 실력과 권위를 갖추지 않고는 감히 할 수 없는 일이다. 서양의 술인 와인을 아시아의 언어로 해석한 책을 출판했다는 사실이 한국인으로서 자랑스럽다.

와인을 포도 품종별로 익히도록 고안한 이 책은 와인에 생소한 아시아인에게 새로운 접근 방식을 보여준다. 지금은 와인을 프랑스나 이탈리아 등 생산 지역으로 나누어 익히던 전통적 방식을 고수하는 것이 매우 어려워졌다. 와인 생산이 전 세계로 확대되면서 지역명이 복잡해지고, 또 양조법도 발달하여 지역적인 경계선도 모호해졌기 때문이다.

대신 품종별로 나누면 주품종 십여 개 정도와 토착 품종 대여섯 종류로 줄일 수 있다. 또 프랑스를 제외한 대부분의 지역에서는 라벨에 포도 품종을 표기하기 때문에 쉽게 알 수 있다. 품종의 특성은 거의 모든 지역에 비슷하게 나타나며 기후와 토양에 따라 약간의 차이가 난다. 품종을 익히면 와인을 마실 때 맛이나 향을 더 구체적으로 느낄 수 있다. 지니는 이 책에서 어떤 품종에서 어떤 향미를 찾아낼 수 있는지, 지역에 따라 어떻게 변화하는지에 대해 자세히 설명한다.

〈아시아인의 와인 마스터〉는 와인에 대한 지적 탐구에 도움이 되지만, 그보다 와인을 좀더 가까이에서 음식과 함께 즐길 수 있는 방법을 제시한다. 와인은 서양의 술이지만 우리가 서양 음식을 일상에서 즐기는 것처럼 와인도 즐길 수 있는 길을 열어줄 것이라 기대한다.

와인을 알고 배우게 된 것을 감사하며, 항상 친절하게 이끌어 주시는 김준철 한국와인협회 회장님과 격려를 아끼지 않으시는 와인마케팅경영연구원 한관규 원장님께 감사드린다. 한국어판이 출판되기까지 많은 관심을 갖고 도와준 저자 지니 조 리에게 특별히 감사드린다. 가산출판사의 이종헌 사장님께 감사드리며 글을 맺는다.

아시아의 식재료는 와인에 새로운 용어를 더하여
와인의 세계를 더욱 더 풍부하게 만든다.
– 지니 조 리

감사의 글

〈아시아인의 와인 마스터〉는 나의 첫 책인 〈아시아의 맛〉의 자매편으로, 첫 책의 출판에 도움을 준 모든 분들이 이 책을 만드는 데에도 함께 일했다. 나를 믿고 출판을 담당한 〈에셋*The Asset*〉의 Daniel Yu에게 감사드린다. 그의 진정한 우정과 성실성에 깊이 감명 받았으며, 그를 만난 것을 행운으로 생각한다. 디자인을 계획하고 지지해준 재능 있는 예술가이며 디자인 디렉터인 Manuel Rubio에게 특별히 감사한다. 편집장을 맡아주신 Peter Starr와 편집 컨설턴트 Nigel Bruce에게 감사한다. 이들은 세심하고 정확한 책 편집뿐 아니라 빠른 속도로도 감탄을 자아내게 했다.

긴 사진 촬영 시간 내내 나를 편하게 해주고 웃게 만든 'Why Envy Photography'의 Vincent Tsang에게 감사한다. 그는 아름다운 사진은 물론 장점을 찾아 카메라에 담는 특별한 재능이 있다. 비상한 푸드 스타일리스트 Riana Chow 아니었다면 아시아 식재료들은 잡화 더미로 밖에 보이지 않았을 것이다. 이 책의 영혼과 분위기는 모두 멋진 친구 Riana 덕이다. 디자인과 배열을 담당한 Jun Cambel의 디자인에 대한 세밀한 집중은 실로 감동적이었다. 이 책을 쓰는 동안 셀러를 열고 도와주신 많은 분들을 일일이 열거할 수 없다. 그들의 너그러움과 친절은 나에게 깊은 감명을 주었다.

이 책의 한국어판은 박원숙 님의 열정과 노력 없이는 불가능했다. 2년 전 나의 책을 번역하고 싶다는 그녀의 말을 듣고 나는 몸이 떨리는 희열을 느꼈다. 나는 수년 동안 와인과 음식의 미묘한 감각을 이해하고 영어에서 한국어로 이를 전달할 수 있는 적합한 번역자를 찾았으나, 그녀가 나타날 때까지는 허사였다. 박원숙 님은 이화여자대학교에서 영문학을 전공하고 영국 런던대학교에서 박사 학위를 받은 분으로 이 책이 한국에서 빛을 보는데 최고의 협력자가 되었다.

나의 밤늦은 스케줄과 마감 시간에 쫓기는 생활을 이해해주는 가족들에게 늘 감사한다. 그들의 도움과 사랑이 나를 쉴 수 있게 하며 지금 하고 있는 모든 일을 가능하게 해준다. 특히 나의 최고 지지자이며 조력자인 훌륭한 남편 Joe에게 특히 감사한다.

차 례

"우리에게 가장 중요한 것은 종교도 학문도 아닌 우리가 먹는 음식이다."

임어당

와인의 풍미

Chapter 1

Chapter 1

와인의 풍미

와인은 내가 열정을 바쳐 사랑하며 평생을 함께하려는 동반자이다. 와인이라는 멋진 친구를 책으로 소개하게 되어 정말 기쁘다. 와인은 음식과 함께 마시기도 하고 취하기도 하는 맛있는 술이지만, 나에게는 그보다 더 큰 의미가 있다.

단순하게 보이는 한 병의 와인에 많은 이야기들이 숨어 있음을 알게 되면서, 나는 와인에 매료되기 시작했고 또 영원히 헤어날 수 없음을 깨닫게 되었다. 와인 여행을 하며 만난 사람들과, 와인과 함께 살아온 사람들에게서 들은 소중한 이야기들이다. 기후와 토양, 포도나무 등 해마다 달라지는 와인에 대한 이야기는 대를 이어 계속되며, 한 병의 와인에 지울 수 없는 고유한 풍미를 남긴다.

와인은 다른 음료와는 달리 영혼이 깃들어 있다. 사람마다 고향이 있듯 와인도 고향에서 태어나고 자란다. 와인은 땅에서 자라 사람과 관계를 맺으며 대지와 인간을 연결한다. 인간의 덧없음이나 나약함을 보여주기도 하고, 창의성과 기술로 어려움을 극복하게도 한다. 포도밭과 셀러에서 일하는 사람들의 오랜 인고의 대가로, 마침내 우리가 즐기며 나누는 한 병의 와인이 탄생하게 된다.

이 책은 아시아인으로 와인 세계를 조망한 나의 개인적인 책이다. 객관적으로 쓰려고 했으나 선입관을 완전히 배제하기는 어려운 일이다. 나는 지난 25년간 홍콩과 서울, 쿠알라룸푸르 등 아시아의 여러 지역에서 살면서 아시아 음식과 익숙해졌다. 따라서 자연히 아시아의 식재료나 양념으로 와인을 설명하게 되었다. 물론 내가 좋아하는 음식의 유형도 있으며, 특히 일본 레스토랑을 자주 찾는다. 사케 생산지도 방문하고 하루 종일 보는 사케 소믈리에 자격 시험에도 합격했다. 그러나 가족들은 물론 친구들도, 내가 이를 핑계로 일본을 오가며 일본 음식의 향연을 즐기려 한다는 사실을 잘 알고 있다.

이 책은 와인 세계에서 깨닫게 된 나의 교육적 경험이 부분적인 바탕이 되었다. 주로 아시아인을 가르치며 느낀 점이 와인에 대한 새로운 접근 방식을 만드는데 도움이 되었다. 이 책에서 사용한 아시아 용어는 지난 20여 년간 와인을 가르치

고, 테이스팅하며 글로 표현한 나의 개인적인 의견을 모은 것이다. 와인 세계에서 이미 자세히 설명된 포도 품종과 지역 부문은, 새로운 시각적 방법을 통해 광범위한 정보를 쉽게 소화하도록 했다. 아시아 용어를 서구의 전통적 용어와 나란히 배치하여 아시아의 음식과 맛에 익숙한 와인 애호가들이 쉽고 친숙하게 이해하는 데 도움이 되도록 했다.

와인은 아시아의 여러 도시에 스며들어 아시아 사람들에게 전혀 새로운 맛의 세계를 보여주고 있다. 음식과 함께하는 와인은 식문화도 변화시킨다. 음식을 천천히 즐기게 되며 예전보다 맛을 더 음미하게 한다. 단순한 와인 한잔으로 얼마나 큰 기쁨을 느낄 수 있는지 경험해 볼 만하다.

아시아는 와인 수요가 급증하는 지역으로 지금은 오히려 세계 시장을 주도하게 되었다. 이제는 아시아 식문화에 맞지 않는 서양식 용어를 외우며 와인을 배우기보다 동양인에게 적합한 용어를 찾아 보편화할 때가 온 것 같다.

아시아 음식의 전통은 깊고 풍부하다. 또한 세계화로 아시아의 식문화도 세계에 널리 퍼지게 되었으며, 동서양이 서로 많은 것을 배우고 공유하고 있다. 특히 와인을 알고 즐기는 식생활은 아시아 사람들에게는 새로운 삶의 방식이다. 와인으로 인해 나 자신의 일상도 다른 차원으로 옮겨간 것 같다. 와인은 삶의 속도를 느리게 하며 미래를 향해 달리기보다 현재에 머물게 한다. 수많은 향기를 마시며 맛을 느끼고 입속에 풍미가 머무를 때, 시간 속의 한 순간을 돌아보며 생각하게 된다.

와인은 음식의 동반자로서 음식과 조화를 이룬다. 단순한 한 끼 식사에도 와인 한잔이 분위기를 고양시키며 멋진 식사를 체험하게 한다. 이제는 젓가락을 든 아시아의 와인 애호가들도, 와인 잔 속의 감각적 향미를 그들의 고유한 언어로 표현하며 나누려 하고 있다.

이 책이 와인을 배우는데 흥미를 더하고 도움이 되기를 바라지만, 그보다 먼저 한 병의 와인을 사서 친구나 가족과 함께 마시며 기쁨을 맛볼 수 있기를 더더욱 바란다.

와인의 도道

와인은 갓 딴 신선한 포도로 만든 알코올 음료이다. 그러나 와인은 영혼을 담고 있다. 수백만 상자씩 대량 생산하는 벌크 와인이라도 영혼은 있다. 사람에게 고향이 있듯 와인도 고향이 있다. 포도는 태어난 곳에서 성장하며 그 땅의 기운을 받는다. 우리에게 친숙한 상표인 옐로 테일Yellow Tail은 늘 해가 비치는 따뜻한 호주 남동부가 고향이다. 숭고하고 지적인 그랑 크뤼Grand Cru, 라 타슈La Tâche는 서늘한 대륙성 기후의 부르고뉴에서 기품있게 만들어진다. 품질이 좋은 와인일수록 태어난 땅의 기운을 분명하게 나타내며 개성이 뚜렷하다.

와인은 인간과 자연의 교감에서 시작한다. 토양과 기후의 영향을 받고, 포도를 와인으로 만드는 인간의 노력과 의지를 그대로 반영한다. 인내와 숙련된 기술로 완성되어 좋은 와인이 되기도 하고, 아무런 생각도 뜻도 없이 만들어져 평범한 와인이 되기도 한다.

테루아terroir라는 프랑스어는 포도가 자라는 환경을 뜻한다. 기후와 토양이 와인의 특징을 만든다는 뜻이다. 위대한 와인은 사려 깊은 인간의 손길로 그곳에서만 느낄 수 있는 고향의 향을 고스란히 간직한 채 병 속에 담겨진다. 사람이 도에 맞게 살아가면 행복하고 선한 삶을 누릴 수 있듯이 와인도 타고난 환경과 조화를 이루면 훌륭한 와인이 된다. 사람이 살아가는 길이 서로 다르듯 해마다 기후도 달라지며 와인도 달라진다.

사람처럼 와인도 천차만별이다. 좋은 와인과 나쁜 와인이 있고 잠재력과 영혼이 있는 와인, 순간적인 기쁨만 주는 와인도 있다. 처음에는 황홀하지만 한 잔 더 마시면 너무 과장된 것 같아 곧 싫증이 나기도 하며, 또 바로 덤

덤하게 느껴지는 와인도 있다. 처음에는 수줍어하며 물러나 있지만 시간이 지날수록 점점 내면의 아름다움을 나타내며 늦게야 꽃을 피우는 와인도 있다. 사람이 모두 깊이 생각하며 의미 있는 삶을 살아가지 않는 것처럼, 와인도 모두 품질이 좋고 성심껏 만들어지지는 않는다.

와인을 만드는 방법이 정해져 있기는 하다. 과일향과 산도, 타닌, 알코올 등의 조합이 적당하게 균형이 맞으면 좋은 와인이 될 수 있다. 그러나 이런 기본에 맞는 와인은 흔하며, 바로 마시고 소비되는 다른 일반적인 음료와 별 차이가 없다. 이 책에서는 테루아를 분명히 표현하며 개성이 있고 품질이 좋은 와인을 다루려고 한다. 그동안 와인을 배우고 가르치며 터득한 중요한 사실은, 좋은 와인을 테이스팅하면서 배우면 학습 효과가 좋아진다는 점이다. 또 뛰어난 와인일수록 스타일이나 지역, 품종 등을 가늠하는 기준이 뚜렷하게 나타나며, 고유의 풍미를 잘 느낄 수 있기 때문에 평생 기억하며 잊지 않게 된다.

와인을 즐기는 방법도 개인마다 다르다. 어떤 사람들은 품질이나 스타일을 구분하기 위해 노력하며, 또 테이스팅 기술을 향상시키는 데 온 힘을 기울이는 사람들도 있다. 와인을 음미하기보다는 지역이나 특징 등을 외우는데 집중하기도 하며, 와인에서 느끼는 향이나 감정을 전문 용어나 문학적으로 표현하는데 초점을 맞추기도 한다. 길은 하나만 있는 것이 아니다. 와인 감상의 길도 하나는 아니다. 넓은 길이든 좁은 길이든 나에게 기쁨을 주는 길을 찾아 나서면 된다.

와인 스타일

와인은 포도의 색깔과 만드는 방법에 따라 대략 다음의 여섯 가지 스타일로 나눈다.

1. **레드와인**Red wine
2. **화이트와인**White wine
3. **로제 와인**Rosé wine
4. **스파클링 와인**Sparkling wine
5. **스위트 와인**Sweet wine
6. **강화 와인**Fortified wine

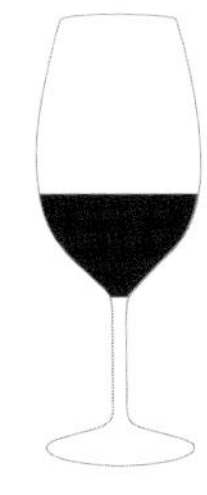

1. 레드와인 자주색이나 붉은색 또는 검은색 포도로 만든다. 포도를 발효시키는 과정에서 껍질의 색소가 우러나와 와인의 색깔이 되므로 대부분의 레드와인은 검붉은 색깔의 포도로 만든다.

대표적 레드와인 산지

- **보르도**Bordeaux, 프랑스
- **론**Rhône, 프랑스
- **키안티**Chianti, 토스카나, 이탈리아
- **바롤로**Barolo, 피에몬테, 이탈리아
- **리오하**Rioja, 스페인
- **나파**Napa, 캘리포니아, 미국
- **바로사**Barossa, 남 호주

2. 화이트와인 연두색이나 노란색, 연회색, 핑크색 등 옅은 색깔의 포도로 만든다. 진한 붉은색이나 검은색 포도라도 껍질을 포도즙에서 바로 분리하면 화이트와인이 된다. 예를 들면 피노 누아는 레드 품종이지만 일반적으로 화이트 샴페인을 만드는데 사용한다. 화이트와인을 만들 때는 레드와인처럼 껍질과 함께 발효시키는 스킨 컨택트SCT를 하지 않는다.

대표적 화이트와인 산지

- **알자스**Alsace, 프랑스
- **루아르**Loire, 프랑스
- **샤블리**Chablis, 부르고뉴, 프랑스
- **모젤**Mosel, 독일
- **박하우**Wachau, 오스트리아
- **루에다**Rueda, 스페인

3. 로제 와인 연한 핑크색 또는 연어 색깔의 와인이다. 로제도 레드와인처럼 껍질에서 색깔을 얻지만, 오래 침용시키지 않고 몇 시간 동안만 짧게 우려낸다. 품질이 좋은 스파클링 로제는 레드와인과 화이트와인을 섞어 원하는 색깔을 내기도 한다. 로제는 라이트 또는 미디엄 바디로 알코올 도수는 적당한 편이며 차게 마시면 좋다.

대표적 로제 와인 산지

- **프로방스**Provence, 프랑스
- **방돌**Bandol, 프랑스
- **타벨**Tavel, 론, 프랑스
- **로제 드 루아르**Rosé de Loire, 프랑스

4. 스파클링 와인 기포가 있는 와인이며 만드는 방법이 여러 가지이다. 샴페인은 최고 품질의 스파클링 와인으로 프랑스 샹파뉴 지역에서 만든다. 전통적으로 적포도 피노 누아Pinot Noir와 피노 뫼니에Pinot Meunier, 청포도 샤르도네Chardonnay를 혼합한다. 샹파뉴 외 지역에서도 같은 품종으로 스파클링 와인을 만들며 지역 토착 품종으로도 만든다. 고급 스파클링 와인은 병 속에서 2차 발효를 시켜 기포를 생성시키는 전통적 방식을 사용하기 때문에 시간과 노력이 많이 든다. 톡 쏘는 맛이 있으며 알코올 도수는 높지 않고 산미가 있다.

대표적 스파클링 와인

- **샹파뉴**Champagne, 프랑스
- **크레망**Crémant, 프랑스
- **카바**Cava, 스페인
- **아스티**Asti, 이탈리아
- **프로세코**Prosecco, 이탈리아
- **젝트**Sekt, 독일
- **전통적 방식 스파클링**Traditional method sparkling, 신세계 지역

5. 스위트 와인 와인에 남아 있는 당분으로 단맛을 느낄 수 있다. 포도의 당분이 알코올로 완전히 변하기 전에 발효를 중지시켜 당분을 남긴다. 포도의 당도를 높이기 위해 포도를 늦게 수확하기도 하며 포도를 건조시키기도 한다. 포도에 서식하는 보트리티스botrytis 곰팡이가 포도 알의 수분을 증발시켜 당도가 높아지기도 한다. 아이스 와인은 포도를 얼려서 수분을 제거하여 만든다. 세미용이나 슈냉 블랑, 리슬링 등은 산도가 강하여 높은 당도와 균형을 이루는 좋은 품종이다. 농축된 포도 주스를 첨가하는 방법도 있지만, 고품질의 스위트 와인은 자연 당도가 충분한 포도로 만든다.

대표적 스위트 와인

- **소테른**Sauternes, 보르도, 프랑스
- **레이트 하비스트 와인**, 루아르, 독일 Late harvest wines
- **아이스바인**Eiswein, 독일
- **아이스 와인**Ice wine, 캐나다

6. 강화 와인 발효중이나 발효 후에 알코올을 첨가하여 알코올 도수를 높인 와인이다. 발효 도중 알코올을 첨가하면 포트 또는 뮈스카 드 봄 드 브니스VDN(Vins Doux Naturel) 같은 알코올 도수가 높고 달콤한 스위트 와인이 된다. 발효가 완전히 끝난 후 알코올을 첨가하면 아주 드라이하거나 스위트한 셰리 스타일이 된다. 강화 와인은 알코올 도수가 15~20퍼센트 정도로 와인보다는 높지만 증류주나 다른 스피릿보다는 낮다.

대표적 강화 와인

- **포트**Port, 포르투갈
- **셰리**Sherry, 스페인
- **뮈스카 드 봄 드 브니스**Muscat de Beaumes de Venise, 론, 프랑스
- **마데이라**Madeira, 포르투갈
- **마르살라**Marsala, 시칠리아, 이탈리아

레드와인과 화이트와인의 분류

와인의 세계는 포도 품종도 많고 와인 스타일도 다양하여 매우 복잡해 보인다. 우선 이해하기 쉽도록 레드와인과 화이트와인을 몇 개의 범주로 나누어 보자. 우리가 마시는 갖가지 와인은 경계가 뚜렷하지는 않지만 대략 열 개의 범주로 나눌 수 있다. 물론 중복되는 경우도 있고 예외도 있다. 피노 누아같은 품종은 와인 스타일이나 지역, 양조 방법, 품질 등에 따라 레드와인의 다섯 가지 범주 모두에 해당될 수도 있다. 따라서 아래에 예로 제시한 와인은 포괄적이기보다 각 범주의 전형적인 성격을 갖춘 와인이다.

화이트 와인

가볍고 신선한 화이트

알코올 도수는 높지 않고 라이트 바디이며 감귤류 또는 미네랄 향이 난다. 허브나 꽃 향이 더해지기도 하며 신선한 산미가 있다. 북부 이탈리아와 프랑스, 중부 유럽의 서늘한 지역에서 생산되며 가볍게 마실 수 있다.

예) 이탈리아-소아베Soave, 오르비에토Orvieto, 피노 그리조Pinot Grigio, 북부 이탈리아 화이트North Italian Whites; 프랑스-샤블리Chablis, 뮈스카데Muscadet, 피노 블랑Pinot Blanc; 포르투갈-비뉴 베르드Vinho Verde; 독일-카비넷트 리슬링Kabinett Riesling

생기 있는 풀 향 화이트

더운 여름날에 잘 어울리는 와인으로 시원하며 상큼한 산미와 과일향이 있다. 소비뇽 블랑이 전형적인 품종이며 특히 뉴질랜드 산이 강한 개성을 나타낸다.

예) 프랑스-부브레Vouvray, 상세르Sancerre, 푸이퓌메Pouilly-Fumé, 루아르 밸리 화이트Louire Valley Whites; 뉴질랜드, 신세계-오크 향 없는 소비뇽 블랑Sauvignon Blanc unoaked; 호주-헌터 밸리 세미용Hunter Valley Sémillon; 남아공-오크 향 없는 슈냉 블랑Chenin Blanc unoaked

향기를 지닌 아로마 화이트

섬세하며 향이 깊은 와인부터 풍만하고 유질감이 있는 와인까지 층층이 있다. 풀 바디 아로마 화이트로는 론 밸리 비오니에, 스파이시하며 리치 향이 가득한 알자스의 게뷔르츠트라미너가 있다. 리슬링은 라이트 바디로 아로마가 짙고 다양하다. 독일 리슬링은 파삭하며 가볍고 향미가 섬세하다. 알자스나 호주처럼 온화한 지역에서는 바디가 강해지며 흰 꽃 향이 강하게 나거나 라임 향이 난다.

예) 프랑스-뮈스카Muscat, 피노 그리Pinot Gris; 프랑스, 신세계-비오니에Viognier; 프랑스, 중부 유럽-게뷔르츠트라미너Gewürztraminer; 스페인-알바리뇨Albariño; 아르헨티나-토론테스Torrontes; 프랑스, 독일, 오스트리아, 신세계-리슬링Riesling

음식과 잘 어울리는 미디엄 바디 화이트

세계적으로 폭 넓게 재배되는 화이트 품종으로 알코올 도수는 적당하거나 약간 높으며 음식과 잘 어울린다. 오크 숙성을 하지 않거나 가볍게 숙성한 샤르도네, 또는 약한 오크 향의 소비뇽 블랑이 이 범주에 속한다.

예) 프랑스–샤블리 그랑 크뤼Chablis Grand Cru, 부르고뉴 빌라주 급 화이트Bourgogne white village-level; 스페인–베르데호Verdejo; 오스트리아–그뤼너 펠트리너Grüner Veltliner; 보르도, 호주–소비뇽 블랑 세미용 블랜드Sauvignon Blanc Sémillon blend; 세계 각 지역–오크 향 없는 샤르도네Chardonnay unoaked

중후한 풀 바디 화이트

오크 향이 배이고 잘 익은 샤르도네가 최고봉을 이루며, 부드럽고 풍만함을 입 속에서 느낄 수 있다. 론 밸리 화이트와 호주의 진하며 가득 차는 느낌의 오크 향 세미용, 새 오크통의 토스트 향이 나는 보르도의 고급 화이트, 또는 리오하나 신세계 샤르도네 등 풀 바디 와인이 이 범주에 속한다. 고급 부르고뉴 화이트는 풀 바디이지만 과일향이 드러나지 않으며 미묘하고 복합적인 향미와 깊이가 있다.

예) 프랑스–뫼르소Meursault, 푸이 퓌세Pouilly-Fuissé, 퓔리니 몽라셰Puligy-Montrachet, 마르산Marsanne/루산Roussanne, 보르도 크뤼 클라세 화이트Bordeaux Cru Classé; 스페인–리오하 화이트Rioja white/비우라Viura; 남 호주–오크 향 세미용Sémillon oak-influenced; 미국–퓌메 블랑Fumé Blanc; 세계 각 지역–오크 향 샤르도네Chardonnay oak-influenced

레드와인

가볍고 신선한 레드

어리고 생생한 레드와인으로 음료수같이 즐길 수 있다. 보졸레와 발폴리첼라가 대표적이다. 신세계 피노 누아 또는 진펀델로도 색깔이 연하며 갓 딴 붉은 열매 향이 나는 펀치Punchy 레드를 만든다.

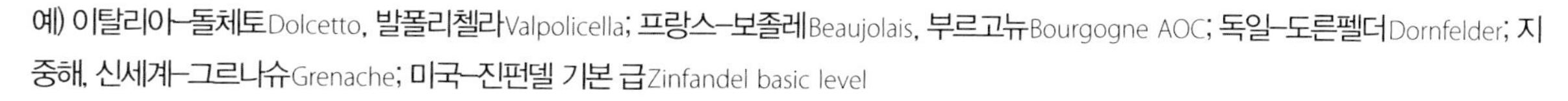

예) 이탈리아–돌체토Dolcetto, 발폴리첼라Valpolicella; 프랑스–보졸레Beaujolais, 부르고뉴Bourgogne AOC; 독일–도른펠더Dornfelder; 지중해, 신세계–그르나슈Grenache; 미국–진펀델 기본 급Zinfandel basic level

아로마가 풍부한 미디엄 바디 레드

메를로, 쉬라즈, 진펀델, 피노 누아 등 품종; 칠레 메를로, 남부 론, 리오하 크리안사 등이 이 그룹에 속한다. 타닌의 구조나 풍미보다는 달콤하고 활달한 과일향이 드러난다. 과일향 피노 누아 또는 오래 숙성하지 않는 현대적 토스카나도 이 범주에 속한다.

예) 이탈리아–키안티 기본 급Chianti basic; 신세계–메를로Merlot, 피노 누아Pinot Noir; 스페인–리오하 크리안사, 레세르바Rioja Crianza, Reserva; 프랑스–영 부르고뉴 빌라주 급Bourgogne young Village level

스파이시하며 강한 풀 바디 레드

쉬라즈 같이 스파이시하며 잘 익은 과일향을 갖춘 품종으로 세계 여러 곳의 따뜻한 지역에서 생산된다. 타닌이 강하고 힘 있는 풀 바디 와인으로 풍만함을 입 속에서 느낄 수 있다.

예) 프랑스–에르미타주Hermitage, 꼬뜨 로티Côte-Rôtie, 꼬뜨 뒤 론Côtes du Rhône, 샤또네프 뒤 파프Châteauneuf-du-Pape; 칠레–까르메네르Carmenère; 아르헨티나–말벡Malbec; 미국–고급 진펀델Zinfandel top; 이탈리아–수퍼 투스칸Super Tuscans; 남아공–피노타지Pinotage; 프랑스 론, 호주–시라Syrah/쉬라즈Shiraz

개성이 뛰어난 풍미 있는 레드

구세계에서는 와인의 감미나 과일향보다는 지역의 개성적 풍미를 더 중시한다. 이탈리아 북부와 중부 지방의 전통적 레드가 이 범주에 속한다. 새 오크통의 강한 오크 향을 피하고, 과도하게 완숙된 포도의 과일향을 절제한다.

예) 이탈리아–키안티 클라시코Chianti Classico, 바롤로Barolo/바르바레스코Barbaresco/네비올로Nebbiolo, 브루넬로 디 몬탈치노Brunello di Montalcino, 비노 노빌레 디 몬테 풀치아노Vino Nobile di Montepulciano

오래 숙성할 수 있는 중후한 레드

셀러에 오래 보관할 수 있는 귀한 와인이다. 세계 여러 곳에서 생산되지만 특히 보르도 와인이 가격이 비싸며 최고 품질을 자랑한다. 물론 위에서 소개한 다른 범주에 속한 와인도 수십 년 간 병 숙성이 가능한 고급품이 있다. 강한 타닌과 산도, 포도의 농축도와 맛의 깊이가 확실한 조화를 이룬다.

예) 이탈리아–고급 바롤로Top Barolo, 고급 투스칸Top Tuscan; 프랑스–고급 보르도Top Bordeaux, 고급 북부 론Top Northern Rhône, 부르고뉴 그랑 크뤼, 프르미에 크뤼Grand Cru, Premier Cru Burgundy; 스페인–고급 리베라 델 두에로Top Ribera del Duero; 신세계–고급 카베르네 소비뇽Top New World Cabernet Sauvignon, 고급 쉬라즈Top Shiraz

세계적인 와인 잔 회사인 리델Riedel은 오래된 와인은 볼bowl이 작은 잔을 사용하면 좋다고 한다. 와인이 오래되면 점점 약해지며 일단 잔에 따르면 과도한 산소에 노출되어 과일향이 사라지기 쉽다. 그러나 '오래 숙성할 수 있는 중후한 와인'을 어릴 때 마시려면 위의 그림과 같이 볼이 큰 잔이 도움이 된다. 강한 타닌이 산소와 합하여 부드럽게 되기 때문이다.

와인 라벨 읽기

와인 병의 라벨은 와인의 스타일과 품질, 향미의 범위 등 중요한 정보를 제공한다. 특히 뒷면 라벨은 유용한 내용을 담고 있다. 그러나 라벨에서 거의 아무것도 알아낼 수 없는 경우도 있다. 전통적 유럽 라벨은 몽라셰 또는 바롤로처럼 지역 이름과 와인 이름이 동일하며, 대부분의 고급 와인은 앞면 라벨에 유럽연합 규정에 맞는 정보만을 간단하게 표기한다. 뒷면 라벨은 점차 보편화되고 있다.

와인 라벨에는 수많은 정보가 있으나 다음 4개 항목으로 크게 분류할 수 있다.

1. **지역 명칭:** 예) 몽라셰Montrachet, 바롤로Barolo
2. **생산자 명칭:** 예) 라투르Latour, 라피트Lafite
3. **포도 품종 명칭:** 예) 샤르도네Chardonnay, 카베르네 소비뇽Cabernet Sauvignon
4. **상호 명칭:** 예) 에라수리스 세냐Errazuriz' Seña, 갈로즈 레드 비시클레트Gallo's Red Bicyclette

전통적으로 유럽 와인은 단순히 지역 명칭만으로 표기했다. 예) 보르도Bordeaux, 리오하Rioja, 키안티Chianti

평판이 좋은 생산자의 명칭도 지역 명칭처럼 사용한다. 예) 베가 시칠리아Vega Sicilia(리베라 델 두에로Ribera del Duero), 페트뤼스Petrus(포므롤Pomerol) 이켐Yquem(소테른Sauternes)

미국이나 호주 등 신세계 지역에서는 포도 품종 명칭으로 와인을 구분하고 표기하여 마케팅에 성공을 거두었다. 유럽에서는 품종 별 라벨이 흔치 않지만 전통적으로 품종을 표기하는 지역이 몇 개 있다. 예) 알자스(리슬링Riesling, 피노 그리Pinot Gris, 게뷔르츠트라미너Gewürztraminer), 피에몬테(바르베라Barbera, 돌체토Dolcetto)

상호 명칭은 생산자 명칭보다는 기억하기가 쉬워 품질 등급과는 관계없이 세계적으로 많이 사용한다. 예) 옐로 테일Yellow Tail(Casella), 고우츠 두 롬Goats do Roam(Fairview) 마릴린 메를로Marilyn Merlot(Nova)

라벨 해독 순서

1. 라벨에서 가장 뚜렷하게 나타나는 이름은 무엇인가? 지역, 생산자, 포도 품종, 상호 중 무엇인지 알아야 한다.
2. 생산 지역은 어디인가? 지도에서 어디쯤인지 알아야 한다. 지역은 와인 스타일을 말해주는 중요한 단서가 된다.
3. 주요 포도 품종은 무엇인가? 품종을 알면 스타일과 향미를 추측할 수 있다.
4. 알코올 함량은 어느 정도인가? 와인의 스타일과 바디를 짐작하게 한다.
5. 뒷면 라벨에는 어떤 정보가 있나? 오크통 사용 유무, 숙성 기간, 와인 메이커의 철학, 포도 품종의 혼합 비율 등이 표기되어 있어 와인의 스타일과 향미를 알 수 있다.
6. 어떤 스타일의 와인인가? 열 개의 와인 범주 중 어디에 속하는가를 구분해 보면 와인의 성격을 알 수 있다.

1. 지역 명칭: 슈발리에 몽라셰Chevalier-Montrachet

1. 지역 명칭

위의 라벨에서 가장 눈에 띄는 큰 이름은 특정 포도 재배 지역 이름이다. 슈발리에 몽라셰는 프랑스 부르고뉴 지역의 꼬뜨 도르Côte d'Or에 속하는 매우 작은 그랑 크뤼 포도밭이다. 실제로 작은 지역 이름을 분명하게 표기하는 것은 그만큼 품질이 좋다는 의미이다. 포도는 일반적으로 재배되는 지역의 기후를 반영하며 이는 곧 와인의 스타일과 바디를 예견할 수 있는 실마리가 된다. 부르고뉴 지역이 서늘한 대륙성 기후임을 감안하면 와인 스타일은 풀바디이기보다 미디엄 바디가 되며, 따뜻한 지역보다는 산도는 높다는 것을 알 수 있다. 이 라벨에는 샤르도네라는 포도 품종 명은 언급되지 않고 있다.

2. 생산자 명칭: 마고Margaux

생산자 명칭: **샤또 마고**

생산지: **마고, 보르도, 프랑스**

2. 생산자 명칭

세계 어느 곳보다도 프랑스 보르도는 생산자 이름으로 고급 와인의 품질과 스타일을 알 수 있는 곳이다. 일등급에 속하는 샤또 마고는 그 이름 자체가 바로 복합적이며 뛰어난 고급 와인과 동의어이다. 또 카베르네 소비뇽과 메를로, 적은 양의 카베르네 프랑, 쁘띠 베르도를 해마다 약간씩 달리 블렌딩한다는 것도 이미 알려져 있다. 이런 라벨은 빈티지 외에는 생산자의 명성과 마고Margaux라는 아펠라시옹appellation 외에는 아무런 정보가 없다. 포도 품종은 표기되지 않으며 보르도의 고급 와인에는 뒷면 라벨도 찾아보기 힘들다.

3. 포도 품종 명칭: 카베르네 소비뇽Cabernet Sauvignon

3. 포도 품종 명칭

대부분의 신세계 와인 라벨은 생산자 명칭과 포도 품종 명칭이 뚜렷하게 표기된다. 따라서 주요 포도 품종을 익히면 와인을 살 때 선택하기가 쉽다. 단단한 타닌과 블랙베리 향의 카베르네 소비뇽을 원할 때나, 또는 밝은 루비 색 딸기 향의 라이트 바디 피노 누아가 마음에 들어 꼭 마시고 싶을 때는 라벨에 표기된 품종 명칭을 읽고 고를 수 있다. 이 책에서 소개하는 포도 품종에 대한 설명은 병 안에 담긴 와인이 어떤 와인인지를 예측할 수 있는 유용한 정보를 제공한다.

4. 상호 명칭: 우드브리지Woodbridge

4. 상호 명칭

특별히 디자인한 상호 명칭은 고급 와인에도, 대량 생산 와인에도 볼 수 있다. 상호의 이미지가 강하게 부각되어 소비자가 와인을 고르는데 도움이 된다. 그러나 품질과 스타일이 광범위하여 상호 명칭에 가려 있는 생산자나 회사의 평판에 대해 잘 알아보아야 한다. 라벨에 함께 표기된 포도 품종과 지역 등을 살펴보고, 뒷면 라벨의 정보도 종합해 보면 와인의 향미와 품질 등을 추측할 수 있다.

지리적 위치 지리적 위치는 와인에 대해 유용한 정보를 많이 제공한다. 지도를 보면 보르도는 북위 44도로 프랑스의 대서양 해안에 근접해 있다. 북위든 남위든, 위도가 높을수록 기후는 서늘해진다. 따라서 와인 스타일과 바디는 가벼워지며 산도는 높아지고 향미는 섬세해진다. 바다나 강, 호수와 가까울수록 강우량이 영향을 받으며 기후도 온화해진다.

품질이 좋은 와인은 대부분 위도 30~50도 이내에서 재배된 포도로 만든다. 30도 이하는 적도에 가까워 너무 덥기 때문에 포도의 당도와 산도, 타닌이 고급 와인에 적합한 균형을 갖추지 못한다. 북위든 남위든 50도 이상은 너무 서늘하여 포도의 페놀 성숙도나 당도가 떨어진다.

와인 라벨에 생산 지역이 자세하게 표기된다는 것은 품질 통제가 엄격히 시행되고 있다는 의미도 된다. 경계선은 각 지역의 특정한 와인 스타일을 반영하기 위해 지켜진다. 보르도의 작은 지역 명인 뽀이약Pauillac이 표기된 와인은, 이보다 큰 지역인 보르도Bordeaux가 표기된 와인보다 일반적으로 품질이 더 좋다.

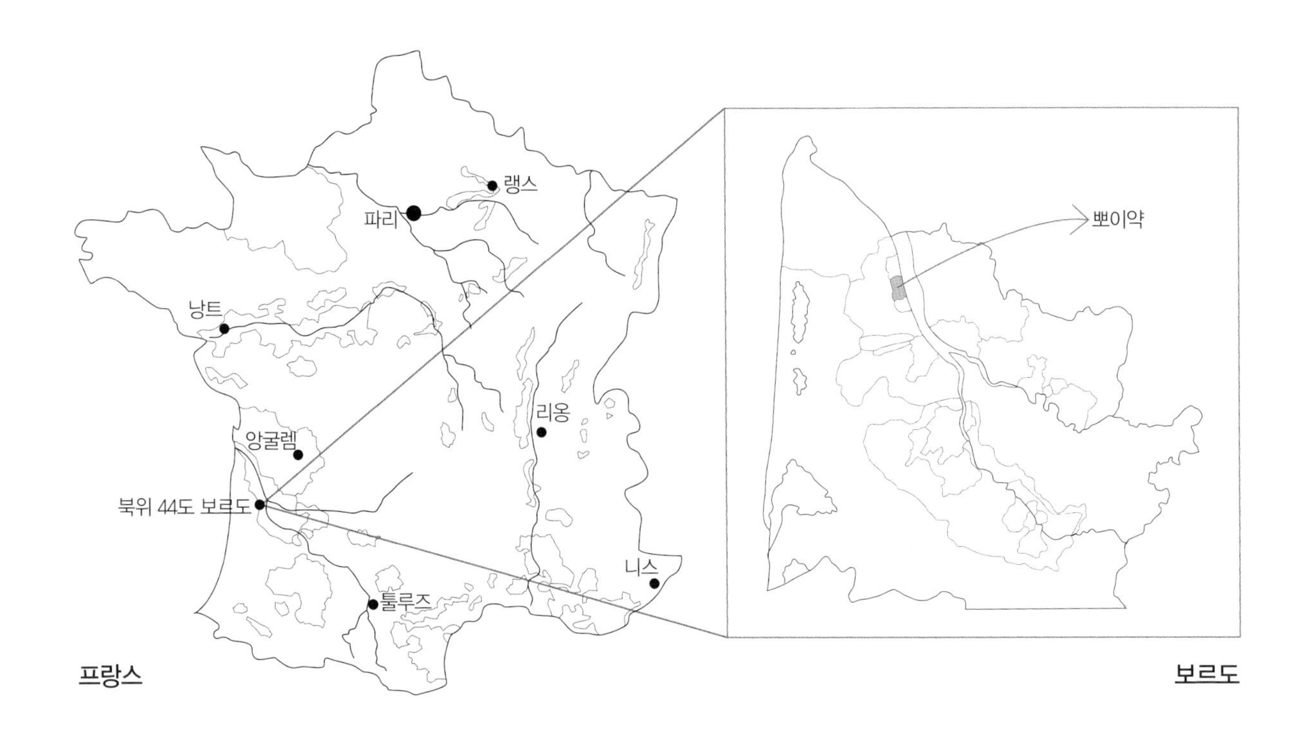

병 모양　병모양은 병에 담긴 와인에 대해 알려주는 첫 단추이다. 아래 첫 번째 그림과 같이 키가 크고 가늘며 우아한 모양은 대부분 리슬링이나, 오크 향이 없는 라이트 바디의 아로마 화이트를 담는 병이다. 프랑스 알자스와 독일, 오스트리아에서 주로 사용한다. 두 번째 부드러운 곡선의 부르고뉴 병은 전 세계적으로 피노 누아 생산자들이 주로 사용하며 론 밸리Rhône Valley의 시라도 같은 모양을 사용한다.

어깨가 높은 보르도 병은 남성적인 인상을 주며 병 속에는 중후한 레드와인이 담겨 있음직하게 보인다. 카베르네 소비뇽과 메를로를 블렌딩한 보르도 스타일이며, 타닉한 풀 바디 레드임을 짐작할 수 있다. 신세계의 컬트cult 와인 생산자들은 보르도 병 모양을 더 크고 무겁게 만들어 와인의 힘을 강조하기도 한다. 전통적인 키안티Chianti 병은 와인의 지역과 스타일을 뚜렷이 나타내지만 요즘은 거의 사용하지 않는다.

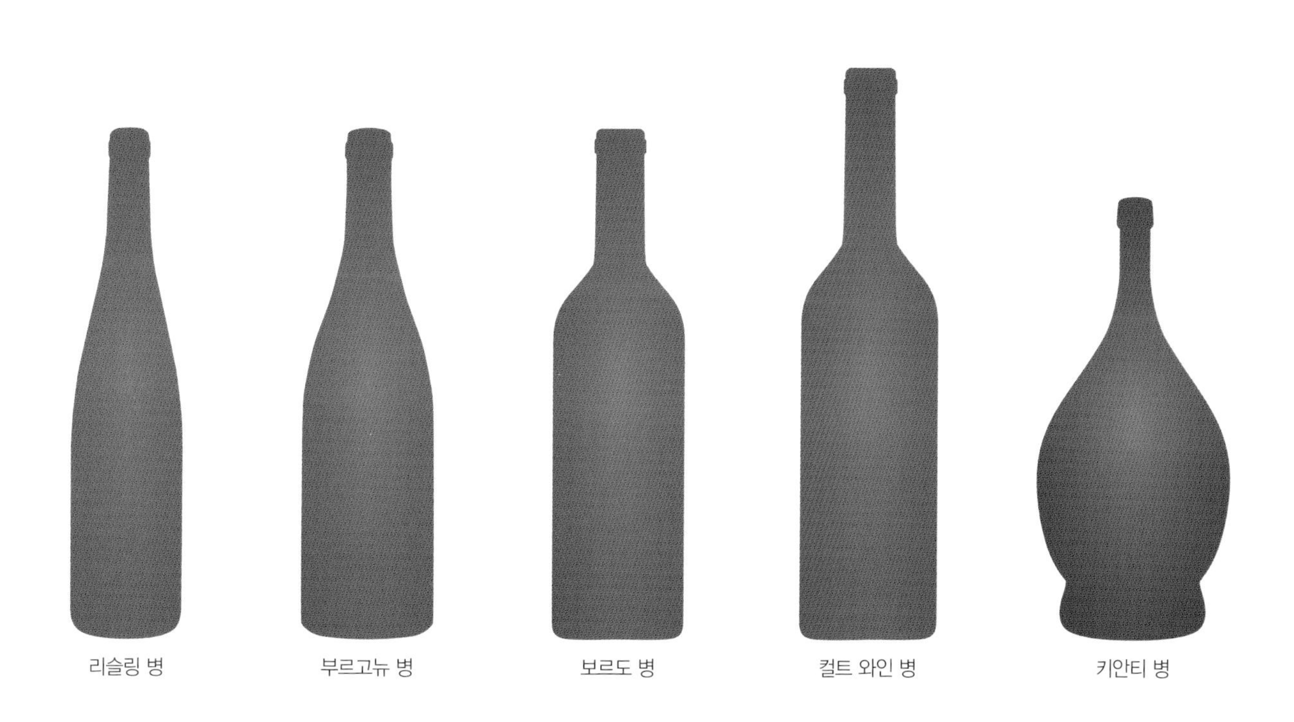

리슬링 병　부르고뉴 병　보르도 병　컬트 와인 병　키안티 병

"인간은 꿈꾸고 있을 때 천재가 된다."

아키라 쿠에로사와

포도밭에서 셀러로

Chapter 2

Chapter

포도밭에서 셀러로

와인의 삼위 일체: 기후, 토양, 포도 품종

와인의 맛을 다르게 만드는 변수는 수백 가지이지만, 와인 메이커는 누구나 좋은 품질의 와인은 좋은 포도밭에서 난다고 말한다. 포도로 와인을 만들면서 향미와 구조를 최대한으로 향상시킬 수 있는 기술적인 방법은 많다. 그러나 테루아라고 하는 지역적 환경은 변하지 않으며 포도의 성격을 지배한다. 포도밭에서 셀러까지 일년 내내 와인 메이커가 내리는 작은 결정들은 와인의 스타일을 만들어 준다고 할 수 있다.

지역적 환경 중 와인의 스타일과 품질에 가장 큰 영향을 미치는 것은 기후이다. 유럽은 기후와 토양에 맞는 품종을 이미 수세기 전부터 선택하여 재배해 왔다. 신세계 지역은 기후에 맞는 포도 품종을 고르기 위해 적산 온도와 일교차 등에 대한 연구를 꾸준히 하고 있다.

포도밭에서는 대목rootstock에서 클론clone까지 포도나무를 선택해야 하며, 재심기나 식재 밀도 등도 품질에 영향을 준다. 포도나무는 주로 중기후meso-climate 대의 영향을 받지만 지형의 특수성, 즉 용수와의 거리나 고도의 차이, 토양의 구성 요소에 따라서도 성장이 달라진다. 예를 들면 큰 강이나 바다를 끼고 있는 포도밭은 연중 기온이 온화하며, 지대가 높으면 포도나무가 받는 일조량이 달라진다.

토양의 차이는 와인의 품질과 스타일에 큰 영향을 미친다. 특정 포도 품종과 잘 맞는 적합한 토양이 있으며, 토양의 미세한 차이로도 포도의 맛과 와인의 품질이 달라진다.

와인의 품질과 스타일을 좌우하는 핵심 요소는 와인의 삼위일체, 즉 기후와 토양, 포도 품종이다. 어느 한 요소도 홀로 작용할 수 없다. 세 가지 조건이 모여 뛰어난 조화를 이루면 세계적인 명품 와인이 탄생한다. 와인의 품질을 향상시키고 극대화 하는 작업은 먼저 포도밭에서 이루어진다고 할 수 있다.

양조 방법도 테루아만큼 중요하지만, 포도의 품질을 변화시킬 수는 없으며 잘 관리하여 보존하는데 중점을 둔다. 좋은 와인을 만들 때 셀러에서 결정하는 중요한 일들은 와인 만들기에서 소개한다.

기후 대기후와 지역적인 중기후, 특정 포도밭의 미기후 등을 포함하는 포괄적인 용어이다. 날씨와 그해의 바람과 습도, 강우량, 일조량 등 특수 요인과 대기후나 미기후 대에서의 기온도 포함한다. 기후는 결정적인 영향을 끼친다. 포도 알이 잘 익을지, 곰팡이가 언제 습격할지, 우박이나 서리로 농사를 망치게 될지 예측할 수 없다. 수확 시기를 정할 때도 기후는 중요한 변수가 된다.

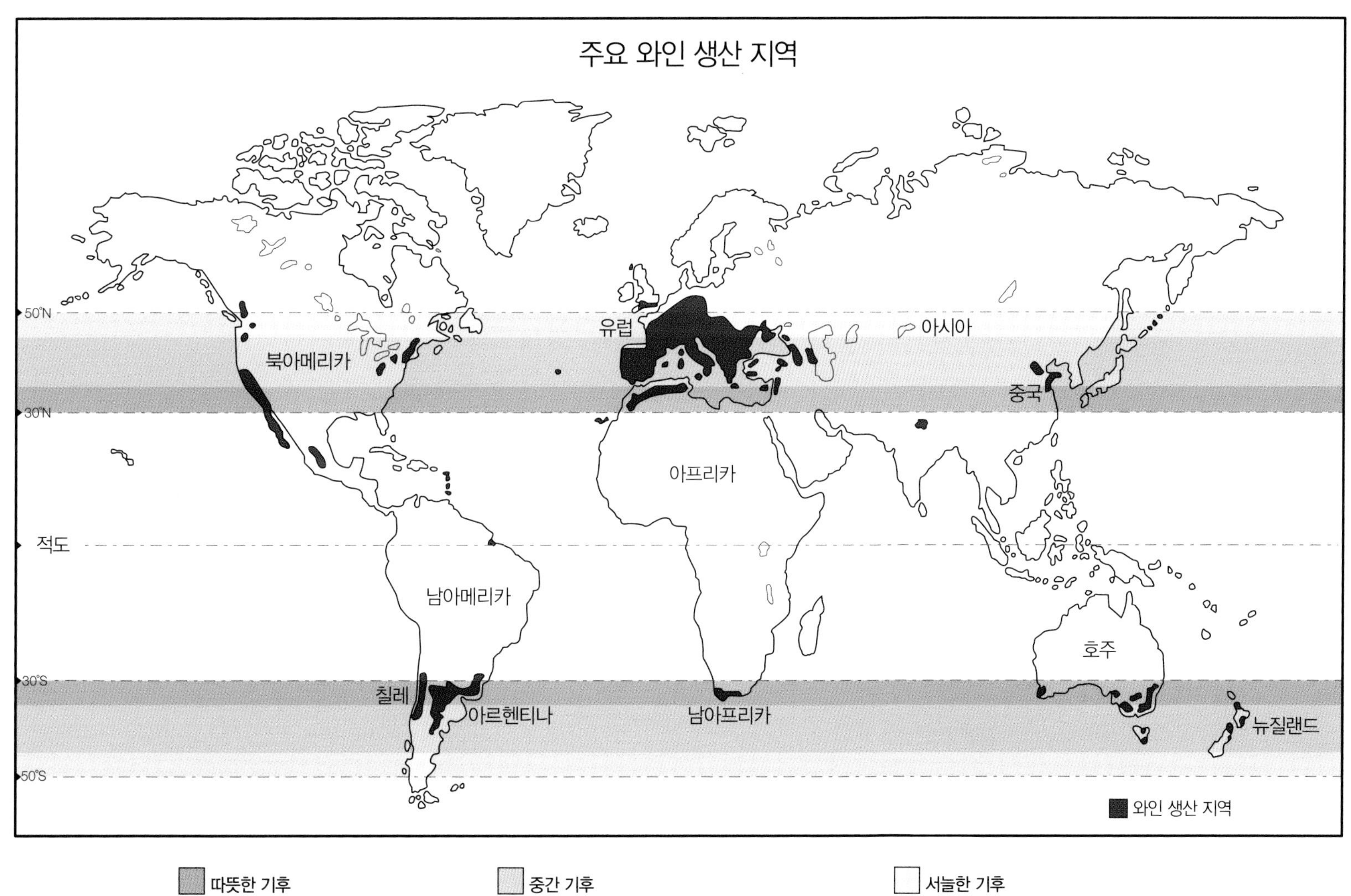

따뜻한 기후
대부분 레드와인을 생산한다. 풀 바디로 산도는 적당하고 알코올은 높다.

중간 기후
주로 미디엄에서 풀 바디의 레드와 화이트와인을 생산한다. 다양한 스타일이다.

서늘한 기후
대부분 화이트와인을 생산한다. 라이트나 미디엄 바디이며 산미가 상큼하다.

토양 포도나무 주변과 뿌리가 닿는 땅의 지형, 토양의 물리적, 화학적 성분도 포함하는 용어이다. 땅의 물리적 성분은 수분을 조절하고 영양을 공급하기 때문에 매우 중요하다. 알칼리성이나 산성이 크게 강하지 않으면 땅의 화학적 성분은 큰 문제가 되지 않으며 영양이 모자라는 경우는 비료로 약간 보충할 수 있다.

고급 와인 생산 지역에서 포도가 잘 익고, 언제나 수준 이상의 품질이 유지되는 것은 토양의 특수한 성분과 구조 때문이다. 부르고뉴처럼 오랫동안 평판을 유지하는 지역은 수백 년 전부터 토양에 따라 포도밭이 구획화되어 있었다. 석회석limestone과 이회토marl는 피노 누아보다 샤르도네에 적합하고, 자갈gravel은 카베르네 소비뇽, 점판암slate는 리슬링에 적합하다.

포도 품종 포도 송이의 종류 또는 포도 알의 물질적 특성 등을 포함하는 용어이다. 대목과 클론의 선택은 병충해와 토양의 단점, 기후의 악 조건 등을 이길 수 있고, 포도나무의 성장을 최대 또는 최소화할 수 있는 품종을 택한다. 현대식 식재는 일반적으로 원하는 클론의 어미 묘목에서 잘라낸 꺾꽂이 순을 사서 사용한다. 클론은 품종에 따라 수가 적기도 하고 변형이 많을 수도 있다. 보르도에서는 카베르네 프랑 클론보다 카베르네 소비뇽 클론이 훨씬 많으며 선택의 폭이 넓다. 피노 누아같은 품종은 클론이 너무 많아 어떤 클론을 택하느냐에 따라 바로 와인의 스타일과 품질이 결정되기도 한다.

포도나무의 수령과 건강 상태도 와인의 품질에 큰 영향을 미친다. 대체로 포도나무는 15년 이상이 되어야 품질이 좋은 포도를 생산한다. 포도는 자체에도 향미가 있지만 기후와 지형, 토양의 영향을 받으며 이들의 상호 작용으로 고유한 향미가 나타난다. 고급 와인을 만드는 주요 포도 품종과 특성에 대해서는 4장~7장에 깊이 있게 다루고 있다.

〈오른쪽 사진 설명〉

삼위 일체가 실현된 지역과 포도 품종

1. 스페인 프리오라트 일리코렐라Priorat Ilicorella 검은 점판암slate과 석영quartz: 그르나슈
2. 뉴질랜드 김벌렛 로드Gimblett Road 자갈gravel: 메를로
3. 모젤 밸리Mosel Valley 회색 점판암grey slate: 리슬링
4. 부르고뉴 키메리지앙Kimmeridgian 석회석limestone: 샤르도네
5. 남 호주 쿠나와라Coonawarra 테라 로사terra rossa: 카베르네 소비뇽
6. 샹파뉴Champagne 백악질chalky soil: 샤르도네, 피노 누아, 피노 뫼니에
7. 북부 론Northern Rhône 화강암granite: 시라
8. 보르도Bordeaux 자갈gravel: 카베르네 소비뇽
9. 남부 론 샤또네프 뒤 파프Châteauneuf-du-Pape 역암pudding stones: 그르나슈

1
2
3
4
5
6
7
8
9

1월 – 가지치기

2월 – 수형 준비

3월 – 밭 갈기와 시비

4월 – 발아기

5월 – 서리 방지

6월 – 개화기

7월 – 제초제 살포

8월 – 변색기

9월 – 수확 준비

10월 – 수확

11월 – 가을 가지치기

12월 – 휴면기

포도밭 일지

좋은 와인의 기본 요건은 기후와 토양, 포도 품종이지만 삼위일체를 함께 아우르는 마지막 결정적 역할은 사람이 한다. 최고의 포도밭은 포도나무 한 그루 한 그루를 세심하게 보살피는 농부의 성실한 손길로 유지된다. 토양과 잘 맞는 포도나무를 골라 심은 후에도 병충해 관리와 재심기 계획, 식재 밀도, 수확 시기 결정, 양조 방법의 선택 등 문제들이 줄지어 생긴다.

포도밭에서 내리는 결정은 와인의 품질과 스타일을 가장 중요하게 고려한다. 또 이러한 결정은 포도밭과 포도나무의 건강을 좌우하며 경제나 환경에도 영향을 미친다. 대부분 소비자들은 품질이 좋은 와인이 화학 비료를 줄인 자연적 재배 방식과 연관성이 있다고 생각하지는 않는다. 그러나 지난 수십 년 간 친환경이나 유기농 또는 바이오 다이내믹 관리의 필요성이 대두되고, 환경 보존에 대한 인식이 세계화되면서 토양과 포도밭의 건강에 점점 더 관심을 기울이는 추세이다.

다음은 1월에서 12월까지 포도밭에서 매월 하는 일들이다.

1월 – 가지치기

수확량을 계획하여 발아될 눈의 숫자를 정하고 가지를 친다.

2월 – 수형 준비

가지치기를 계속하며 포도밭에 철사와 지주를 설치한다.

3월 – 밭 갈기와 시비

지난해 북돋은 밑둥의 흙을 제거하고 제초를 하며 비료를 준다.

4월 – 발아기

새순이 나며 열매를 맺을 새 가지를 고정시킨다. 새 묘목을 심는다.

5월 – 서리 방지

살충제를 뿌리고 잎과 가지솎기를 한다. 추울 때는 서리 방지도 필요하다.

6월 – 개화기

꽃이 피기 시작하고 열매 맺을 줄기를 유인하여 철사줄에 맨다.

7월 – 제초제 살포

5월부터 제초제와 살충제 살포, 포도송이와 잎 솎기 등을 계속한다.

8월 – 변색기

포도 알이 커지고 부드러워지며 색깔이 변하기 시작한다.

9월 – 수확 준비

양조 장비를 점검하고 포도 알의 성숙도를 정기적으로 확인한다.

10월 – 수확

수확은 9월에 시작하여 늦게 익는 품종은 10월까지도 계속한다. 수확량이 많은 일상 와인은 기계 수확을 하지만 고품질 와인은 손으로 수확한다.

11월 – 가을 가지치기

올해 열매를 맺은 가지를 치고 추위로 부터 피해를 막기 위해 그루터기에 흙을 덮어준다.

12월 – 휴면기

포도나무는 수액이 떨어지고 생장이 끝나며 봄까지 휴면기에 들어간다.

와인 만들기

일상 레드와인

1. 기계 수확

수확한 포도를 트럭에 실어 제경과 파쇄 기계에 바로 내린다. 날씨가 더워 포도가 상하기 쉽거나 야간 수확을 하는 경우 가장 빠르고 효율적인 방법이다.

2. 제경과 파쇄

포도 송이에서 가지를 제거하며 발효를 돕기 위해 포도 알을 적당히 파쇄한다. 아황산을 약간 첨가하여 오염을 방지하고 포도의 신선도를 유지한다.

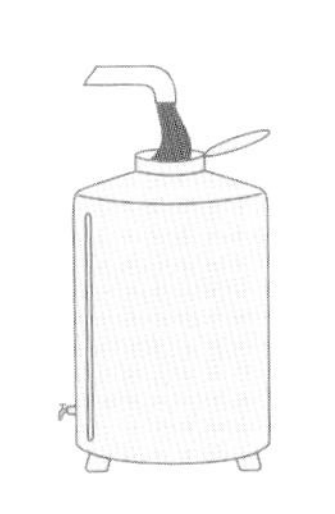

3. 머스트 조절

더운 지역에서는 껍질과 씨를 포함한 으깬 머스트must에 산을 가끔 첨가한다. 서늘한 기후로 수확시 당도가 기대하는 알코올 수준에 미치지 못할 때는 설탕을 첨가한다. 진공 농축 또는 역삼투압 방식을 이용한 현대적 장비를 머스트 조절에 사용하기도 한다. 이 과정에서 수분이 제거되고 당분 함량이 높아지는데 대부분 지역에서는 이 방법은 합법적이다.

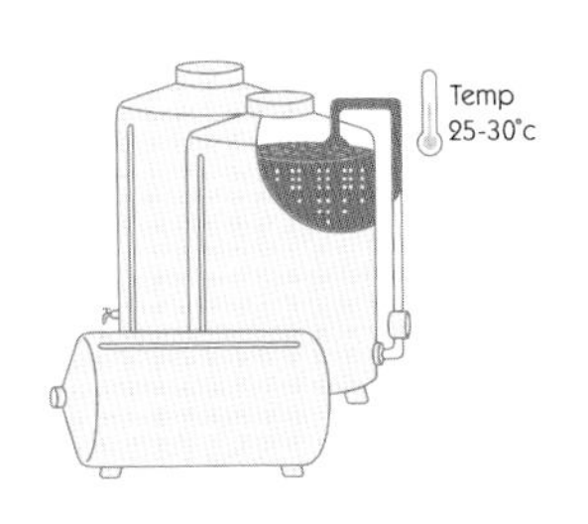

4. 발효와 침용

발효는 짧은 시간 내에 원하는 색깔과 향미를 충분히 추출할 수 있는 방법을 선택한다. 색깔과 향미를 빨리 추출할 수 있는 회전식이나 수평식 발효 탱크를 가장 많이 사용한다. 침용 중 펌핑 오버pumping over를 통해 탱크 윗부분에 씨와 껍질이 굳어 생긴 딱딱한 캡cap을 부수어 주스와 섞어 준다.

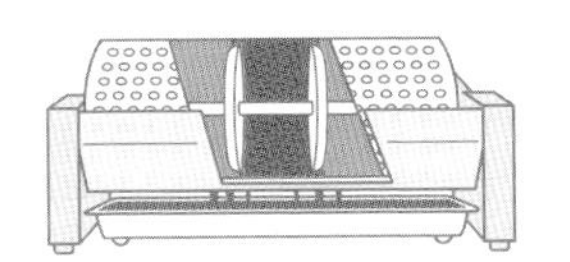

5. 압착

일반적으로 압착기는 수평형 스크류 압착기나 공압형 압착기를 사용한다. 연속 스크류 압착기는 많은 양의 포도를 신속하게 압착할 수 있다.

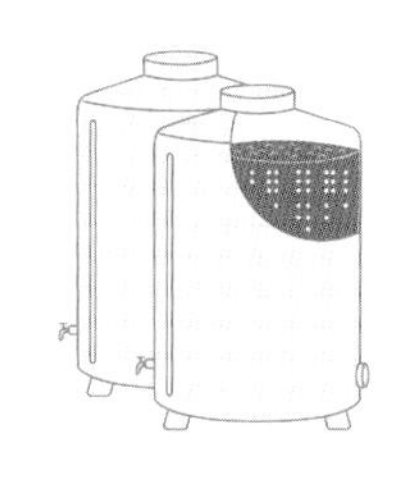

6. 젖산 발효MLF

대부분의 레드와인은 와인의 거친 사과산을 부드러운 크림과 같은 젖산으로 변화시키는 젖산 발효Malolactic Fermentation 과정을 거친다. 배양 젖산균을 사서 사용하거나, 자연 젖산균이 증식하기 좋도록 따뜻한 환경을 만들어준다. MLF는 레드와인의 안정화에도 꼭 필요하다.

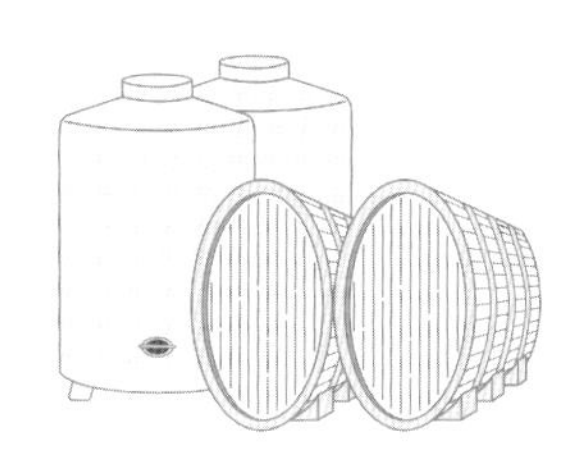

7. 숙성

일상 와인의 숙성 기간은 몇 주에서 몇 달로 고급 와인보다는 짧으며, 스테인리스 스틸 탱크나 큰 중성 용기를 사용한다. 오래된 대형 오크통vat은 유럽의 전통적 와인 생산 지역에서 사용한다. 시간이 많이 걸리고 가격이 비싼 오크통 숙성 대신 오크 칩 또는 오크 막대를 넣어 오크 향을 더하기도 한다.

8. 청징과 안정화

와인에 남아 있는 이스트 찌꺼기와 불순물을 가라앉힌다. 와인의 장기적 안정을 보장하고 타닌을 부드럽게 하려면 청징제를 사용하여 혼탁한 입자들을 응집시켜 제거한다.

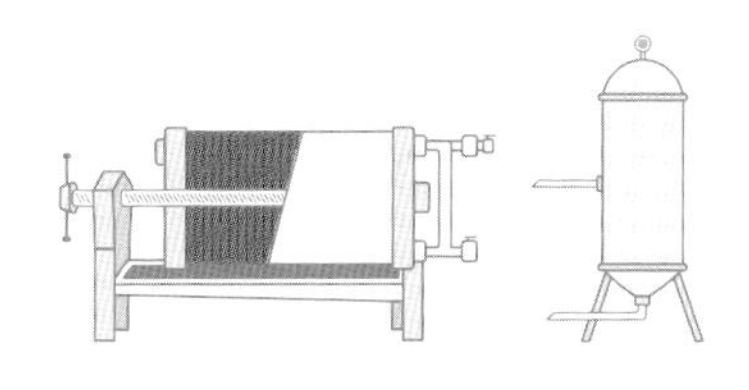

9. 여과

얇고 섬세한 필터를 사용하면 와인의 안정과 지속성이 보장된다. 그러나 와인의 불순물을 과도하게 제거하면 고유의 풍미와 색깔을 잃게 된다. 대규모 와이너리에서는 품질의 표준화와 와인의 안정성을 위해 이 방법을 택한다.

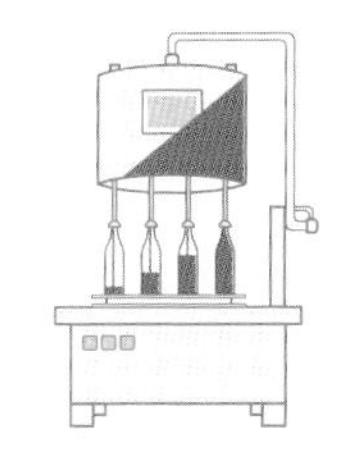

10. 병입

생산량이 많은 큰 와이너리에서는 속도가 빠른 병입 기계를 사용한다. 병뚜껑은 스크루 마개나 인조 코르크 또는 자연 코르크 마개 중 선택하여 사용한다.

오크통 숙성 고급 레드와인

1. 손 수확과 포도 알 선별

손으로 포도송이를 따서 얕은 플라스틱 바구니에 담아 와이너리의 컨베이어 벨트로 옮긴다. 덜 익었거나 상한 포도는 손으로 골라낸다. 시간이 걸리고 비용이 들지만 고품질의 주스를 얻을 수 있다. 포도송이의 가지를 제거한 후 알갱이를 하나씩 고르는 2차 선별 작업도 한다.

2. 제경과 파쇄

가지를 제거하고 발효를 시키기 위해 알갱이를 부드럽게 파쇄한다. 와인 스타일과 포도 품종에 따라 가지 채로 또는 알갱이도 으깨지 않고 발효시킬 수 있다. 피노 누아와 같은 품종은 롤러의 간격을 넓혀 파쇄를 가볍게 하거나 파쇄를 아예 하지 않기도 한다. 포도를 송이채 바로 발효 탱크에 넣는 방법도 있다.

3. 머스트 조절

전통적으로 산이나 설탕을 첨가하여 머스트를 조절하는 것은 와인 메이커의 임의적인 선택에 따른다. 고도로 발전한 현대적 기술로는 진공 농축 또는 역 삼투압 방식으로 수분을 제거하여 머스트를 농축시킨다. 이 방법은 일상 와인에 사용하기도 하고 고급 와인에도 사용한다.

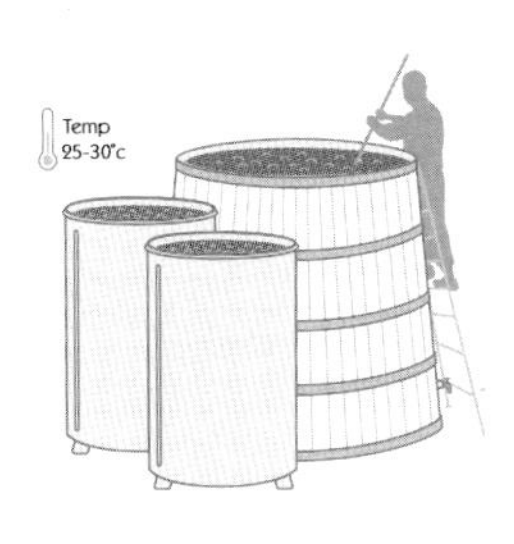

4. 발효와 침용

발효 탱크의 형태와 크기, 추출 방법, 침용 시간 등을 결정한다. 이를 통해 포도에서 추출하는 주스의 양을 측정하고 원하는 색깔과 향미를 갖춘 주스를 만든다. 좋은 주스를 얻으려면 하루에도 몇 번씩 딱딱한 캡cap을 수작업으로 부수어 가라앉히는 중노동을 해야 한다. 캡을 아예 잠기게 하거나 펌핑 오버를 하는 방법도 있다.

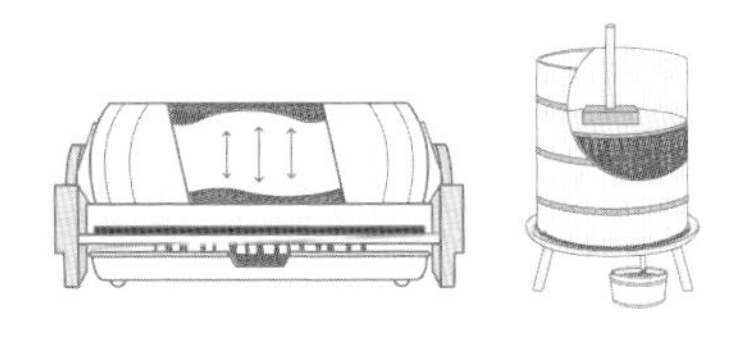

5. 압착

느리지만 부드러운 바스켓 압착기basket press는 주로 고급 와인을 만드는데 사용한다. 공압형 압착기pneumatic press도 사용한다. 강하게 압착하면 주스와 함께 포도 껍질과 씨에 있는 거친 타닌과 바람직하지 못한 향미도 추출된다.

6. 젖산 발효MLF

대부분의 레드와인을 만들 때는 와인의 거친 사과산을 부드러운 크림같은 젖산으로 변화시키는 젖산 발효 과정을 거친다. 배양 젖산균을 사서 사용하거나, 자연 젖산균이 증식하기 좋도록 따뜻한 환경을 만들어 준다. MLF는 레드와인의 안정화에 꼭 필요하다.

7. 숙성과 찌꺼기 분리

오크통의 크기는 225리터에서 1,000리터까지 다양하다. 고급 와인에 사용하는 가장 일반적인 크기는 225리터이며 와인 300병 분량이다. 오크통의 생산 지역이나 태운 정도, 나이 등에 의해 와인의 성분이 달라지며 색다른 향미가 더해진다. 일반적으로 고급 와인은 통에서 통으로 따라내면서 찌꺼기를 분리한다. 많은 시간과 노동이 필요하지만 와인이 통 속에서 숙성되면서 자연스럽게 맑아진다.

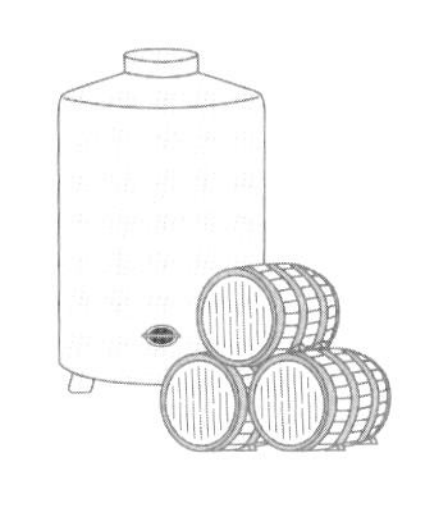

8. 청징과 안정화

와인에 남아 있는 이스트 찌꺼기와 불순물을 가라앉힌다. 작은 오크통에서 8개월 이상 숙성되는 레드와인은 이 과정이 자연스레 일어난다. 청징 과정을 통해 와인이 안정될 뿐 아니라 거친 타닌 성분도 부드럽게 변화한다.

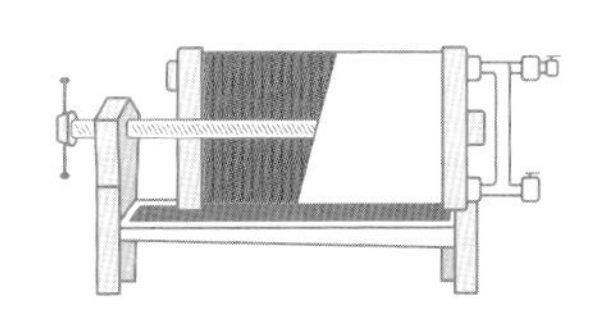

9. 여과

중성적인 스틸이나 콘크리트, 오래된 대형 오크통보다 작은 오크통에서 숙성한 와인이 훨씬 안정적이다. 여과를 전혀 하지 않는 경우도 있지만, 일반적으로 구멍이 큰 패드pad를 사용하여 느슨하게 여과한다.

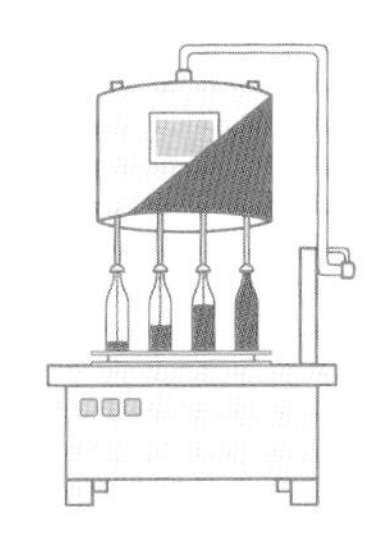

10. 병입

생산량이 특별히 많지 않으면 최고급 생산자들이 수동 병입 기구를 사용하기도 한다. 그러나 생산량이 어느 수준에 이르면 비싸더라도 와인의 마지막 단계인 병입 라인에 투자를 한다. 장기 보존용 와인에는 코르크 마개를 사용한다.

일상 화이트와인

1. 기계 수확

수확한 포도를 트럭에 실어 제경과 파쇄 기계에 바로 내린다. 날씨가 더워 포도가 상하기 쉽거나 야간 수확을 하는 경우 가장 빠르고 효율적인 방법이다.

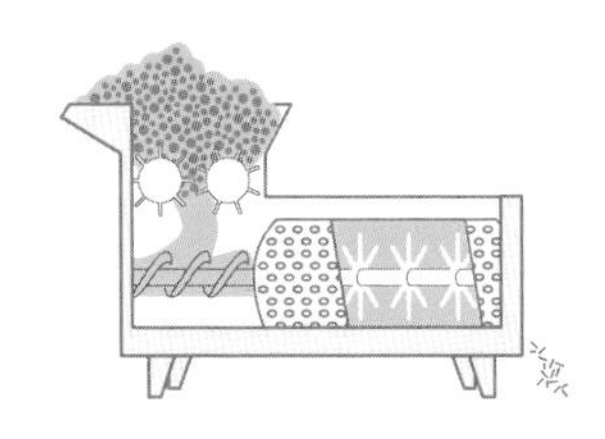

2. 제경과 파쇄

포도 송이에서 가지를 제거하고 발효를 돕기 위해 포도를 적당히 파쇄한다. 아황산을 약간 첨가하여 오염을 방지하고 포도의 신선도를 유지한다.

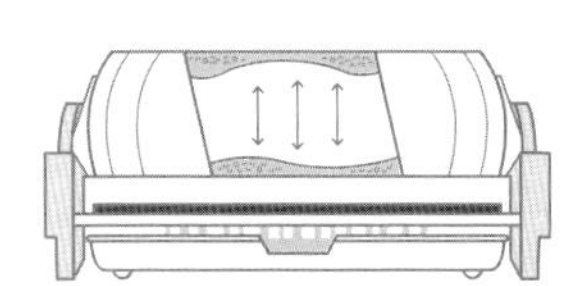

3. 압착

압착기의 종류는 많으나 일반적으로 수평 스크류 압착기나 공압형 압착기를 사용한다. 연속 스크류 압착기는 많은 양의 포도를 신속하게 압착할 수 있다.

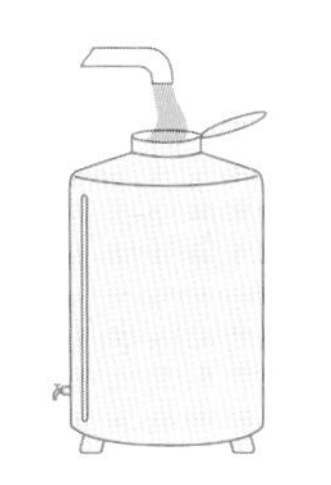

4. 안정과 머스트 조절

날씨가 더워 산도가 낮아지면 이 단계에서 산을 첨가하기도 한다. 서늘한 기후로 수확시 당도가 기대하는 알코올 수준에 못 미칠 때는 설탕을 첨가할 수도 있다.

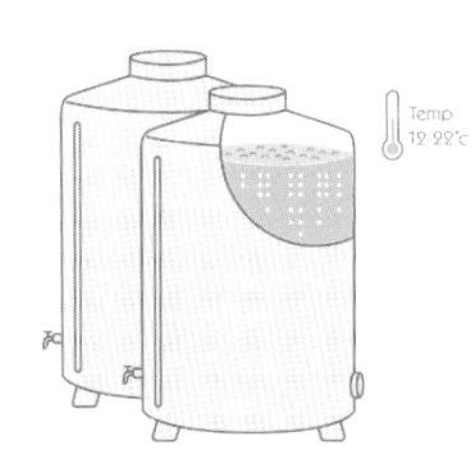

5. 발효와 젖산 발효MLF

일상 와인은 발효 때에도 대부분 인공 이스트를 사용하며 젖산 발효에도 인공 배양 젖산균을 사용한다. 와인이 MLF를 거치면 바디가 풍부해지고 원만해지며 유질감이 더해진다.

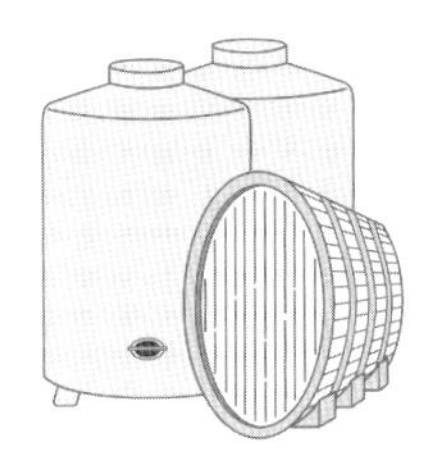

6. 숙성

오크 향이 없는 와인은 스테인리스스틸 탱크와 같은 크고 중성적인 용기에 몇 주 또는 몇 달 정도 짧게 숙성시킨다. 유럽의 전통적 와인 생산 지역에서 많이 사용하는 오래된 대형 오크통은 와인의 성분을 통합하며 균형감을 높여준다. 오크 향을 내기 위해 오크 칩이나 오크 막대도 사용한다.

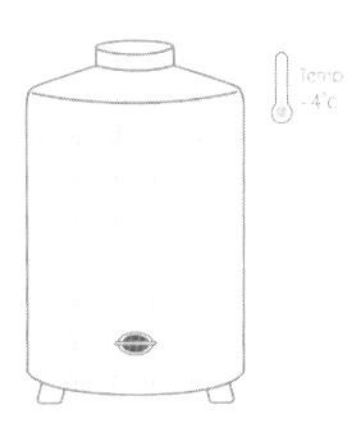

7. 청징과 안정화

와인에 남아 있는 이스트 찌꺼기와 불순물을 가라앉힌다. 와인의 장기적인 안정을 보장하려면 벤토나이트bentonite나 다른 청징제를 사용하여 와인을 흐리게 할 수 있는 혼탁 입자들을 응집시켜 제거해야 한다. 화이트와인은 병속에서 생기는 주석을 제거하기 위해 냉동 안정화 과정도 거친다.

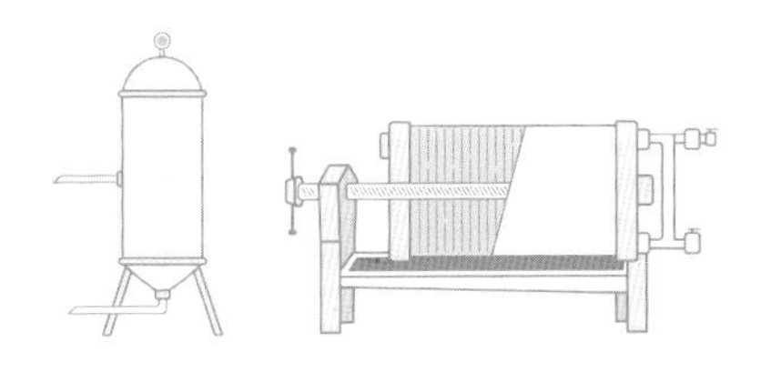

8. 여과

얇고 정밀한 필터 여과는 안정과 지속성을 보장한다. 그러나 와인의 불순물을 과도하게 제거하면 와인 고유의 풍미와 색깔을 잃게 된다. 와인의 품질을 일관성 있게 표준화하려는 대규모 와이너리에서는 와인의 안정성을 보장하기 위해 이 방법을 선택한다.

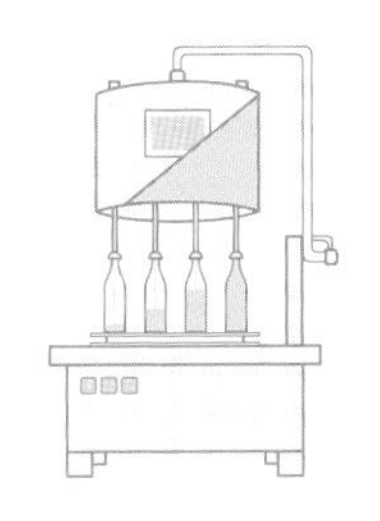

9. 병입

일상 화이트와인은 생산량이 많아 보편적으로 속도가 빠른 병입 기계를 사용한다. 시간 당 15,000병 이상 병입할 수 있으며 뚜껑은 스크류 마개나 인조 코르크, 자연 코르크 마개 중 선택하여 사용한다.

오크통 숙성 고급 화이트와인

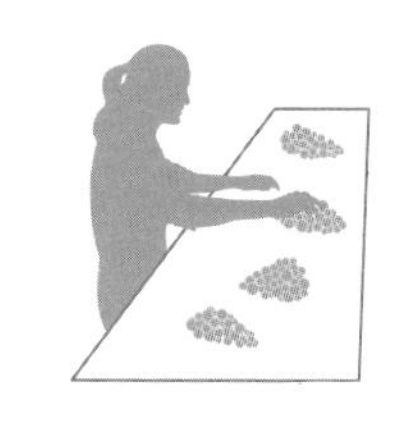

1. 손 수확과 포도 알 선별

손으로 포도송이를 따서 얕은 플라스틱 바구니에 담아 와이너리의 컨베이어 벨트로 옮긴다. 덜 익었거나 상한 포도는 손으로 골라낸다. 시간이 걸리고 비용이 들지만 고품질의 주스를 얻을 수 있다.

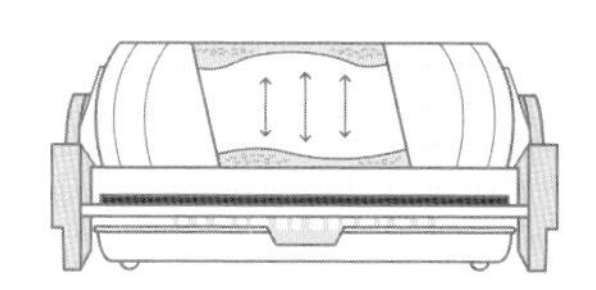

2. 압착

일반적으로 압착 전에 가지 제거와 으깨기를 하지만, 고급 와이너리에서는 질이 좋은 포도송이를 가지 채 바로 압착한다. 좋은 압착기는 씨가 깨지지 않도록 압착하며 온도 조절이 잘 된다. 부드러운 공압형 압착기가 가장 보편적이다.

3. 안정과 머스트 조절

고품질 화이트와인은 서늘하거나 온화한 기후에서 생산된다. 따라서 원하는 당도와 산도를 얻기 위해 발효 전에 일반적으로 주석산과 설탕을 첨가한다.

4. 발효와 젖산 발효MLF

고품질 화이트와인에는 주위에서 생성되는 자연 이스트와 인공 이스트를 둘 다 사용하며 와인 메이커가 임의로 선택한다. 와인을 따뜻한 곳에 두고 이스트 찌꺼기를 저어주며 발효를 유도하기도 한다.

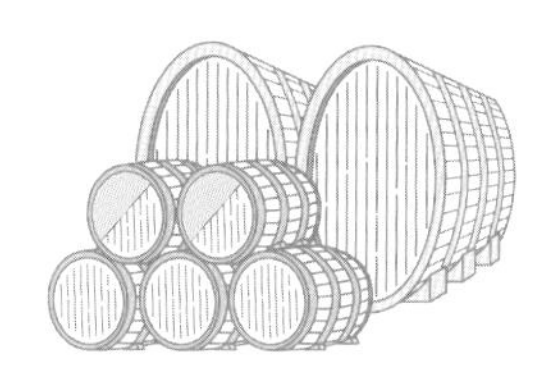

5. 숙성

오크통의 크기는 일반적으로 225리터이며 와인 300병 분량이다. 오크통의 태운 정도나 생산 지역, 나이 등에 따라 와인의 성분이 달라지며 색다른 향미를 더하기도 한다. 예를 들어 적당히 태운 프랑스산 새 오크통은 바닐라나 삼나무, 스파이스 향 등이 와인의 향미에 배어든다. 오크통에서 숙성시키는 동안 찌꺼기를 저어주면 와인의 바디가 강해지고 이스트 향이 배이며 질감이 좋아진다.

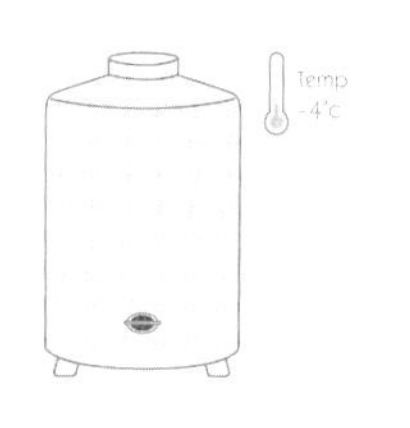

6. 청징과 안정화

와인에 남아 있는 이스트 찌꺼기와 불순물을 가라앉힌다. 와인의 장기적인 안정을 보장하려면 벤토나이트나 다른 청징제를 사용하여 화이트와인을 흐리게 할 수 있는 혼탁 입자들을 응집시켜 제거한다. 일 년 정도 오래 숙성시키는 와인은 시간이 지나면서 자연히 청징과 안정화가 일어난다.

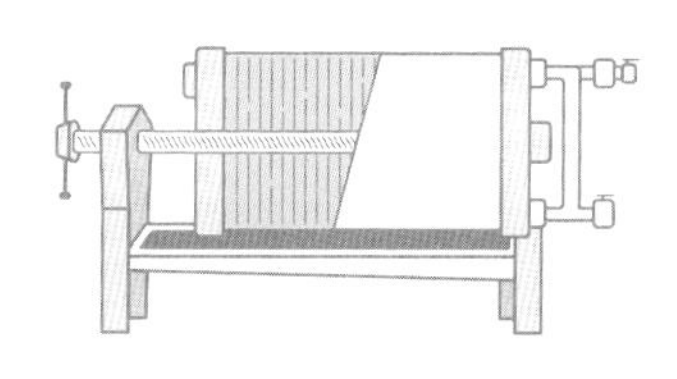

7. 여과

오크통에 숙성한 와인은 중성적인 용기에 짧게 숙성한 와인보다는 훨씬 안정적이다. 드라이 화이트와인은 여과를 느슨하게 하며, 멤브레인membrane이나 무균 여과를 필요로 하지 않는 경우도 있다.

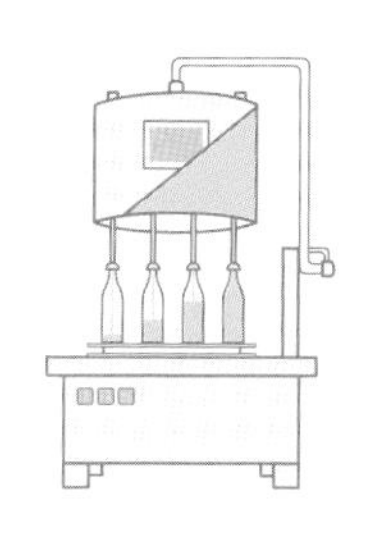

8. 병입

생산량이 많은 와이너리에서는 비싸지만 와인의 마지막 단계인 병입 라인에 투자를 한다. 호주와 뉴질랜드의 생산자들은 스크루 캡을 사용하기도 하지만 유럽 생산자들은 고급 화이트와인에는 자연 코르크 마개를 고수하고 있다.

고급 스파클링 와인

1. 손 수확과 포도 알 선별

발효에는 깨끗한 포도를 사용해야 하기 때문에 손 수확이 필수적이다. 스파클링 와인에 일반적으로 사용하는 적 포도 피노 누아와 피노 뫼니에는 특히 손 수확이 중요하다. 포도는 잘 익어 당도가 충분해야 하며 향미와 균형을 이루어야 한다.

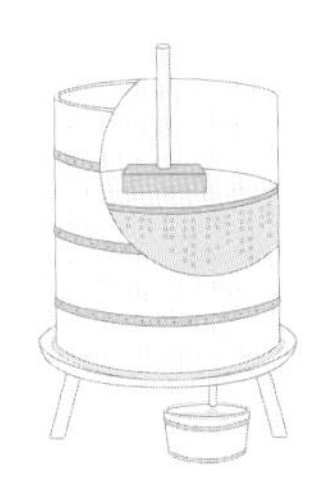

2. 압착

부드럽게 압착하여 씨와 가지, 껍질에 있는 거친 페놀 화합물이 추출되지 않도록 주의해야 한다. 바스켓 압착기와 공압형 압착기가 보편적이다.

3. 안정과 머스트 조절

침전물이 가라앉도록 주스를 안정시킨다. 당도와 산도를 적당히 조절한다.

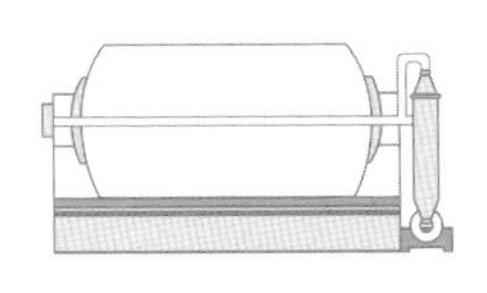

4. 청징

고급 스파클링 와인은 투명도가 매우 중요하다. 벤토나이트나 다른 청징제를 사용하여 와인의 향미를 방해하는 불순물을 응집시켜 제거한다.

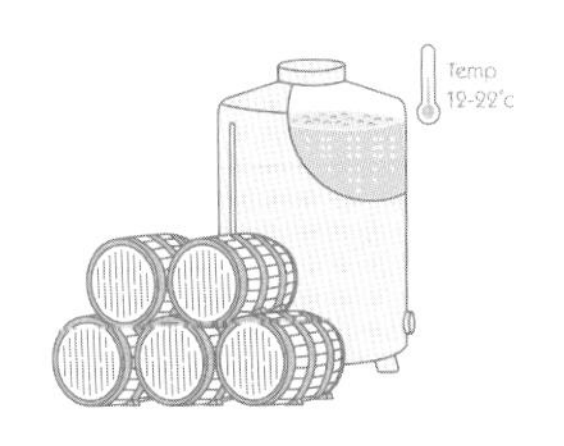

5. 1차 발효

화이트와인 방식으로 저온에서 발효시킨다. 주스가 매우 맑기 때문에 자연 이스트에 필요한 영양이 충분하지 않다. 대부분 발효력이 강한 인공 이스트를 첨가한다.

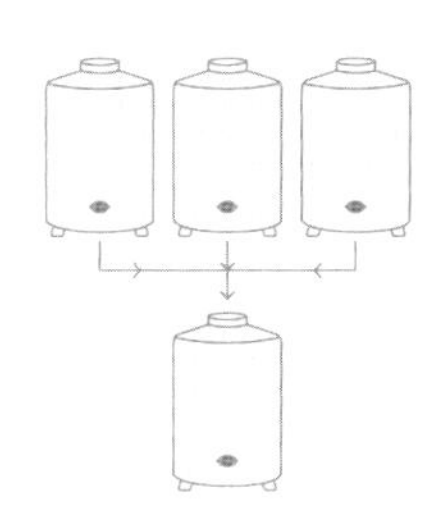

6. 혼합

대부분의 스파클링 와인은 논 빈티지Non Vintage이며, 각 회사 고유의 스타일을 만들기 위해서는 블렌딩이 필수적이다. 샹파뉴에서는 서로 다른 포도밭이나 빈티지, 포도 품종 등을 블렌딩하며 20여 종이 넘기도 한다.

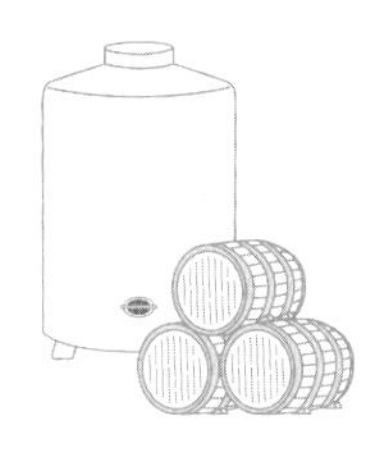

7. 청징과 안정화

2차 발효와 숙성이 오랫동안 병 속에서 진행되고 그대로 소비자에게 팔려 나가기 때문에 와인은 깨끗하고 안정적이어야 한다.

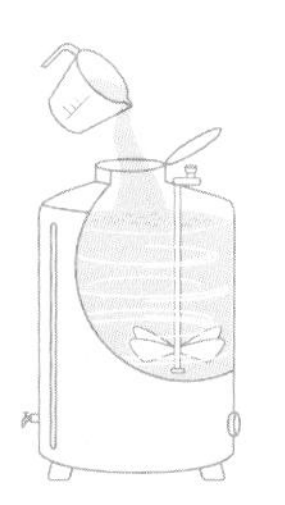

8. 티라주Tirage

와인에 2차 발효를 일으키기 위해 설탕과 이스트, 리저브reserve 와인을 첨가한다.

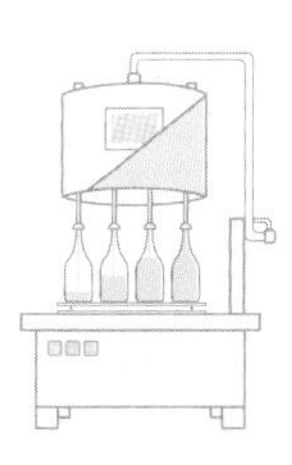

9. 병입

와인을 병입하여 크라운 캡으로 밀봉한다.

10. 2차 발효

병 안에서 2차 발효가 일어나면서 생기는 탄산가스가 병에 남는다. 온도를 낮추어 발효의 진행을 느리게 하면 기포가 섬세해지며 복합성이 더해진다.

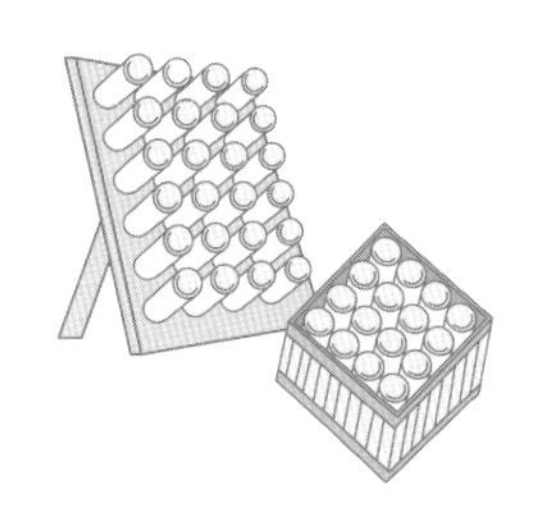

11. 르뮈아주 Remuage

2차 발효가 끝나면 남아 있는 찌꺼기와 죽은 이스트 세포 등이 와인과 혼합되어 와인에 바디를 만든다. 또 비스킷 향이나 이스트 향 등 복합적인 향미를 낸다. 옛날에는 병 속의 찌꺼기를 병목에 모으기 위해서 숙련공이 병을 돌려주었다. 그러나 요즈음은 찾아보기 힘들며, 기계가 자동으로 몇 달에 걸쳐 천천히 병을 회전시킨다.

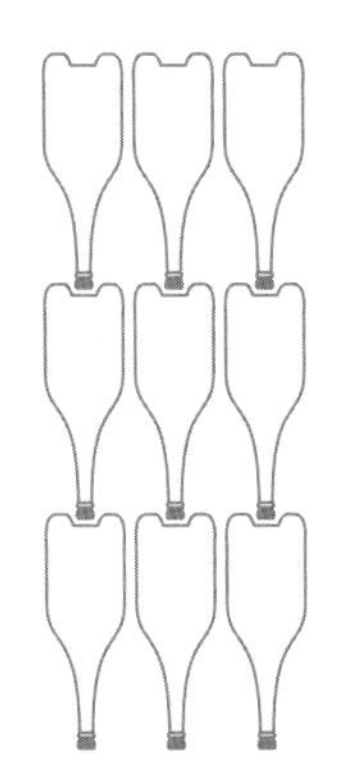

12. 숙성

고급 스파클링 와인은 병을 거꾸로 세워 3~4년간 더 숙성시킨다.

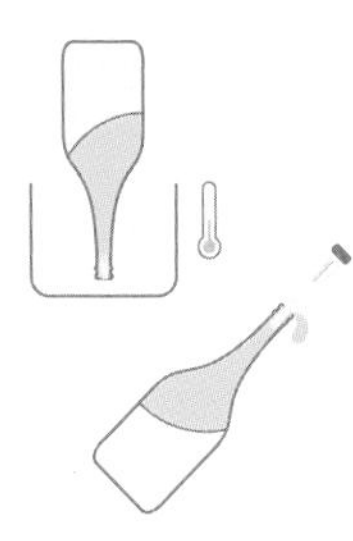

13. 데고르주망 Degorgement

찌꺼기 제거를 위해 병목을 얼린 후 크라운 캡을 빼면 이스트 찌꺼기와 함께 언 와인이 소량 튀어나온다. 어떤 샴페인 회사에서는 수년간 출하량을 계획하고, 출하 직전 마개를 교체하며 이를 RD(recently disgorged)로 라벨에 표기하기도 한다.

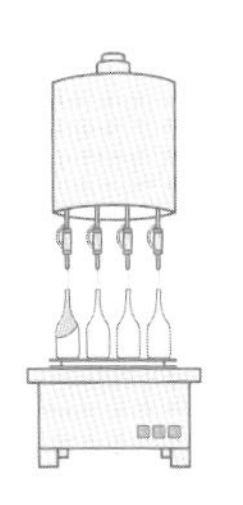

14. 도자주 Dosage

찌꺼기가 빠진 병목 공간에 와인과 설탕을 보충한다. 당도를 조절하기 위해 설탕을 첨가한다. 설탕을 전혀 첨가하지 않는 경우도 있다.

15. 병입 완료

코르크 마개를 끼우고 캡슐을 씌운다. 병 속의 탄산가스 압력이 강하기 때문에 한 번 더 뚜껑을 철사로 엮는다. 라벨을 붙인다.

"모든 사물은 그 자체의 아름다움이 있으나 사람들이 볼 수 없을 뿐이다."

공자

와인 테이스팅

Chapter 3

Chapter 3

와인 테이스팅

와인 테이스팅과 와인 마시기

와인을 일상적으로 마실 때는 분위기를 즐기며 마신다. 음식을 가운데 놓고 대화하며 와인은 음식의 향과 어우러진다. 그러나 와인의 품질을 분석 평가하고 미감을 기억하기 위한 와인 테이스팅은 사교 모임에서 와인을 마시는 것과는 다르다. 와인 테이스팅은 와인을 배우는 기본이며 적절한 환경에서 체계적으로 이루어져야 한다.

와인 테이스팅의 기회는 아시아의 주요 도시에서도 흔히 찾을 수 있다. 와인 클래스나 수입상에서 개최하는 테이스팅은 이상적인 환경에서 잘 조직되어 있으며, 개인적으로 와인 감상의 기술을 향상시킬 수 있다.

전문가들은 하루에 100가지 이상의 와인도 테이스팅 해야 할 때가 있지만, 일반 소비자들은 보통 6~12종의 와인을 시음한다. 공정하고 정확한 판단을 내리기 위해서는 시음한 와인을 삼키지 않고 꼭 뱉어야 한다.

주제도 같은 지역 와인을 비교하거나 또는 같은 생산자, 같은 포도 품종, 빈티지 등으로 다양하게 정할 수 있다. 이렇게 비교하며 테이스팅하는 과정에서 와인의 향미와 연상되는 이야기들을 머릿속에 떠올리며, 마침내는 가장 마음에 드는 와인을 가려낼 수 있게 된다. 포도 품종과 스타일에 대한 기준이 마련되면 와인의 품질을 더 정확하게 평가할 수 있다.

라벨을 가리고 하는 블라인드blind 테이스팅은 특정 와인에 대한 편견을 없앨 수 있다. 테이스팅은 단계별로 진행하며 와인의 스타일과 생산지, 나이, 포도 품종, 양조 방법, 품질 등에 대한 실마리를 하나씩 풀어나간다. 테이스팅 노트는 좋은 와인을 기억하기 위해서 뿐만 아니라, 테이스팅 능력과 와인 평가를 더 체계적으로 발전시키기 위해서도 꼭 필요하다. 전문가는 나중에 재빨리 훑어볼 수 있는 자료로 유용하게 사용할 수 있고, 예리한 아마추어는 평가와 결론을 도출하여 스스로 점수를 매겨보는데 도움이 된다. 흔히 쓰는 등급은 별표로 5단계로 나누거나 수치로 20점, 또는 요즘 보편적으로 사용하는 100점 기준 체재가 있다.

와인 테이스팅의 단계

1. 준비
2. 보기
3. 잔 돌리기
4. 향 맡기
5. 맛보기
6. 품질 평가
7. 결론과 등급

1. 준비

- 테이스팅 장소는 음식 냄새 또는 다른 방해가 되는 냄새가 없어야 한다.
- 자연 채광이나 밝은 백색 전등이 좋다.
- 와인 색깔을 정확히 보기 위해 흰색 탁자 또는 흰색 식탁보를 사용한다.
- 테이스팅 직전에 맛이 강한 음식을 피해야 하며 미각이 깨끗해야 한다.
- 향수나 화장수를 사용하지 않는다.
- 세제가 남아 있지 않은 깨끗하고 적합한 테이스팅 글라스(ISO)를 사용한다.
- 테이스팅한 와인을 조심스럽게 뱉을 수 있는 그릇을 준비한다.
- 와인은 정확한 온도로 서빙한다.
- 화이트와인에서 레드와인으로, 품질이 낮은 와인에서 고품질 와인으로, 바디가 가벼운 와인에서 농축되고 진한 순서로 서빙한다.

2. 보기See

- 흰색 배경에 와인을 비추어 투명도를 본다. 색깔이 흐리거나 둔탁하면 와인에 결점이 있거나 여과나 청징 과정을 거치지 않은 와인이다. 화이트와인은 맑지 않으면 상품 가치가 떨어진다. 레드와인의 자연 침전물은 별 문제가 되지 않지만, 화이트와인의 투명한 주석 결정체는 일상 화이트와인에서도 결점으로 간주된다.
- 와인의 색깔은 숙성 기간에 따라 달라진다. 레드와인은 자주색 또는 루비색에서 벽돌색과 적갈색으로 점점 변한다. 화이트와인은 연한 레몬색에서 황금색, 호박색으로 색깔이 깊어진다. 아래의 도표를 참고하자.
- 색깔의 농도와 색조로 포도 품종을 알 수 있다. 예를 들어 연한 루비색은 피노 누아나 그르나슈와 같이 껍질이 얇은 품종으로 만든 와인이며, 밀짚색을 띠는 초록색은 리슬링과 같이 서늘한 지역에서 자란 화이트 품종으로 만든 와인이라는 추측을 할 수 있다.
- 외관으로도 오크통 숙성 등 양조 방법이나 스타일을 알 수 있다. 화이트와인이 투명하면 오크통 숙성을 하지 않고 바로 병입한 와인이며, 깊은 황금색이면 오래된 와인이거나 오크통 숙성 기간이 긴 와인이다.
- 스파클링 와인은 기포의 크기와 지속성, 거품 등으로 품질을 가늠할 수 있다. 품질이 좋을수록 기포와 거품이 조밀하다.

주석은 인체에는 해가 없다. 대부분의 화이트와인은 시간이 지나면 결정화 될 수 있는 불안정한 주석이 있다. 이를 제거하기 위해 여러 가지 방법으로 냉동 안정을 시킨다. 가장 보편적인 방법은 와인을 −4도에서 일주일 정도 얼린 후 결정을 제거한다. 냉동 안정이 불완전하면 병 속에서 주석 결정이 형성되어 유리 조각으로 오인할 수도 있다.

3. 잔 돌리기Swirl

- 코로 와인의 향을 맡는 과정은 두 단계가 있다. 와인을 흔들지 않았을 때에는 잔잔한 향이 혼합된 것을 느낄 수 있으며, 잔을 돌려 와인이 산소와 접촉했을 때는 더 무거운 향이 풍겨 나오게 된다.
- 두 번째 단계에서 잔을 몇 번 더 돌린다. 이 단계에서는 산소와 와인이 섞여 에스테르와 알데히드, 유기 화합물 등이 방출되어 혼합된 향을 풍긴다.

4. 맡기Smell

- 향을 여러 번 깊이 코로 들이 마시고 잔을 내려놓는다. 계속해서 맡으면 감각이 무뎌지며 아로마를 찾아내기보다 혼란이 온다. 다시 들이마실 때까지 몇 분 동안 쉬고 감각을 되찾은 후 맡아본다.
- 와인에 대한 경험이 많거나 후각이 날카롭거나, 고도로 훈련된 사람은 와인을 한 방울도 맛보지 않고도 향만으로 생산지나 품종, 와인 스타일 등을 알아낼 수 있다. 미각으로는 다섯 가지 기본 맛–단맛, 짠맛, 쓴맛, 신맛, 감칠맛–만 구분할 수 있는 반면 후각으로 느낄 수 있는 향은 무궁무진하다.
- 코 속으로 들어온 향이 최고조에 도달했을 때 들이 마신다. 수백만 개의 후각 세포는 뇌에 신호를 보내고 냄새를 판별한다. 와인 클래스에서는 와인의 맛보다 향을 맡는데 더 중점을 둔다.

- 냄새를 통해 와인의 상태를 알 수 있다. 먼저 와인이 건강한지, 아니면 상했는지를 알 수 있다. 상한 냄새는 일반적으로 코르크 오염(곰팡이, 마분지 냄새)이나, 브레타노미세스brettanomyces(농장, 마굿간 냄새), 아황산 류(상한 계란 냄새), 산화(갈변한 사과 냄새), 휘발산(매니큐어) 등이다.
- 아로마의 강도는 생산지와 품질을 나타낸다. 소비뇽 블랑에서 과하게 튀는 과일향이 나면 뉴질랜드가 고향임을 알 수 있다. 향이 더 절제되고 미네랄 향이 나면 루아르 밸리를 연상할 수 있다. 여러 층의 향이 쌓인 복합적인 향은 고품질 와인에서 느낄 수 있다.
- 과일향은 포도 품종의 성격을 나타내며, 이를 통해 블렌딩에 사용된 품종이 무엇인지 알아낼 수 있다. 품종 별 포도의 향미는 5장에서 7장까지 자세히 설명한다.
- 와인의 숙성 연도와 발전 단계도 향으로 알 수 있다. 숙성된 와인은 과일향에서 점차 가죽 향과 말린 과일향으로 변화한다.

5. 맛보기 Sip

- 6㎖~8㎖, 또는 티 스푼 하나 정도의 양을 입 속에서 굴려 혀 전체에 고루 닿게 한다. 공기를 조금 흡입하면 향미를 더 잘 느낄 수 있다.
- 맛보기는 외관과 향으로 추정한 단서를 재확인하는 과정이다. 다음 여덟 가지에 집중하여 맛을 본다.

단맛 대부분의 화이트와인과 레드와인은 드라이하다. 바로사Barossa 쉬라즈와 같은 단 과일향 와인도 최소한의 당분만 남아 있는 드라이 와인이다. 단맛은 주로 진한 과일향에서 오지만 와인의 높은 알코올 농도와 글리세롤에서도 느낄 수 있다.

신맛 화이트와인과 스파클링 와인은 레드와인보다 산도가 높다. 산미는 입에 침을 돌게 하며 혀에 얼얼한 느낌을 준다.

쓴맛 개인마다 쓴맛을 느끼는 정도는 매우 다르다. 예민한 사람은 쓴맛을 혀 전체에서 느낀다.

타닌 타닌은 맛이라기보다 촉감이다. 레드와인을 마실 때 입을 마르게 하는 물질과 관련이 있다. 타닌을 느끼는 것도 개인차가 크다. 홍차의 쓴맛에 길들여지면 타닌이 강한 와인도 개의치 않게 된다. 타닌은 화이트와인에서도 양조 방법과 포도 품종에 따라 약하게 느낄 수 있다.

과일향 아로마는 코로 느끼지만, 입 속에서 와인이 따뜻해지면 향이 더 강해지고 약간의 공기를 들이마시면 향미의 조합을 더 많이 느낄 수 있다.

바디와 무게 와인의 바디와 무게는 배우기 어려운 개념이다. 라이트 바디에서 풀 바디까지 여러 스타일의

와인을 많이 비교 테이스팅해 보면 도움이 된다. 일반적으로 와인의 무게와 바디에 영향을 주는 것은 알코올 농도와 향미의 강도, 농축도 등이다.

질감texture**과 미감**palate shape 레드와인 테이스팅에서는 특히 촉감이 중요하다. 고품질 와인일수록 타닌의 질감이 섬세하다. 미감은 향미와 산미, 타닌 등을 입에서 처음 느끼면서부터 목에 넘길 때까지의 타이밍과도 관련이 있다. 품질이 좋은 와인은 천천히 시작하여 중간에서 정점을 이루고 끝까지 길게 끌고 간다. 과일향이 앞서고 중간에서 바로 향미가 떨어지면 고품질이라고 할 수 없다.

여운finish 피니시라고도 한다. 피니시는 품질을 측정하는데 가장 중요한 요소로 품질이 좋을수록 피니시를 느끼는 순간이 오래간다. 와인 용어로 코달리Caudalie라고 하며 1코달리는 1초이다.

6. 품질 평가

품질 평가는 스타일과 가격대가 비슷한 와인을 대상으로 이루어진다. 품질 측정에는 경험이 최고이다. 여러 가지 와인을 테이스팅해 보면 품질에 대한 기준이 생기며, 특정 와인을 지역이나 스타일에 따라 등급으로 분류할 수 있게 된다. 전문가들은 일반적으로 한 지역을 정해 수십 년 동안 깊이 있고 폭 넓은 경험을 축적한다.

품질 평가는 대강 다음의 다섯 가지 분야로 나누어 측정한다.

1. 균형과 조화
2. 섬세함과 우아함
3. 풍미의 강도
4. 피니시
5. 복합성과 깊이

7. 결론과 점수

위의 품질 평가를 생각하면서 테이스팅을 하면 특정 와인이 어느 정도 품질에 속하는지 판단하는 데 도움이 된다. 다만 점수 체계를 이용하는 것에 대해서는 논쟁의 여지가 있다. 와인의 점수화에 반대하는 사람도 있고, 대신 품질을 바로 알 수 있다고 생각하여 찬성하는 사람도 있다. 나는 후자에 속하는데 와인 업계에서 일하기 전부터 개인적으로 와인에 점수를 매겨왔기 때문이다. 점수 체계는 정해진 표준에 따라 품종이나 지역적 우수성을 고려하며 등급을 매기는데 반하여, 엄격하게 개별 와인을 비교하고 판단을 내리는 데 도움이 된다고 생각한다.

점수 체계

5단계 별점(*)	20점	100점	설명
세계적으로 잡지나 출판물에 사용되며 소수 유럽 비평가들이 사용한다.	유럽과 호주 지역의 와인 평가에 사용되며 유럽 와인 비평가들이 사용한다.	미국에서 채택되었으며 아시아 지역의 표준이 되고 있다.	품질 기준
*****	19+ –20	98~100	완벽하고 숭고하며 특별한 와인
*****	18+ –19	96~97	여운이 긴 탁월한 와인
****	17+ –18	93~95	대단한 복합성을 갖춘 뛰어난 와인
****	16+ –17	90~92	분명한 개성이 있는 우수한 와인
***	15+ –16	86~89	아주 좋은 잘 만든 와인
**	14+ –15	83~85	장점이 있는 와인
*	13+ –14	80~82	결점이 없는 단순한 와인
0	12+ –13	76~79	덤덤한 와인
0	12 이하	75 이하	부족하거나 결점이 있는 와인

테이스팅 팁

와인의 품질과 수명을 평가하는 가장 좋은 방법은 와인의 구조를 정확하게 파악하는 것이다. 와인의 구조는 알코올 농도와 타닌, 바디, 산도, 당도로 이루어진다. 향미의 범위와 농도도 중요하지만 와인의 골격을 만드는 구조는 그대로 유지되는 반면, 향미는 계속 변하기 때문에 정확한 평가가 어렵다.

화이트와인은 산도를 중심으로 향미가 주위를 둘러싸고 있는 구조이다. 스위트 와인의 구조는 산도와 과일향의 농축도, 당도로 구성된다. 물론 알코올도 와인의 골격을 만들며 수명과 관계가 있지만, 화이트와인은 산도와 신선함이 구조의 중심을 이룬다.

레드와인은 타닌이 골격의 중심이 되며 과일향과 산미, 알코올이 살을 입힌다. 알코올도 와인의 미감과 구조를 보강하지만 레드와인의 품질과 수명을 측정하는 열쇠는 타닌, 즉 폴리페놀이다.

산미

산미는 와인을 변하지 않게 하며 와인의 생명을 지속시킨다. 레몬이나 라임 한 조각을 맛보는 것처럼 입 속에 침이 고여 흐르게 하며 상큼한 느낌을 준다. 산미는 특히 화이트와인의 향미와 바디, 알코올, 잔당이 균형을 이루게 하는 중요한 역할을 한다. 서늘한 지역의 와인은 더운 지역보다 산도가 높으며 리슬링처럼 자연적으로 산도가 높은 포도 품종도 있다. 보통 산도가 중간쯤이거나 균형이 맞으면 '신선하다', '생동감이 있다'라고 말하며, 산도가 높으면 '예리하다', '상큼하다'라고 표현한다. 산도가 균형이 맞지 않고 낮아지면 와인은 맥이 빠지고 무덤덤한 느낌을 주게 된다.

타닌

타닌은 레드와인에서 떫은맛과 쓴맛을 다양하게 내는 바람직한 페놀 화합물이다. 레드와인의 중심이 되는 요소

로 타닌의 양과 질은 매우 중요하다. 타닌은 주로 포도 껍질에 있지만 씨와 가지 또는 통 숙성을 통해서도 첨가된다. 레드와인은 껍질과 씨를 함께 발효시키기 때문에 타닌 함량이 높다. 로제는 껍질 침용 기간이 짧아 타닌을 거의 감지하지 못한다. 통 숙성을 하면 레드와인은 타닌이 더해지고 화이트와인은 질감이 부드러워진다. 타닌의 맛은 오래 우려낸 홍차의 쓴 맛과 같으며 입이 마르는 느낌을 준다. 타닌은 양(높다, 중간이다, 낮다)과 질감, 품질로도 평가한다. 섬세한 레드와인은 타닌의 양과 상관없이 타닌의 질감이 거칠지 않고 매끄럽다. 균형이 잡히고 섬세한 타닌은 벨벳 같고 짜임새가 단단한 반면, 질이 낮은 타닌은 거칠고 입 속에서 낟알처럼 겉돈다.

바디

바디는 입 속에서 느끼는 와인의 무게와 진한 정도를 말한다. 풀 바디 와인은 알코올과 글리세롤의 함량이 높으며, 오크 숙성이나 강한 추출로 향미가 진하고 당도가 높다. 때로는 유질감이 바디를 강화시키기도 하지만 풀 바디 와인은 고급 바롤로Barolo처럼 높은 타닌과 산도, 응집된 향미가 주축을 이룬다. 색깔로 바디를 알 수도 있지만 품종에 따라서 차이가 있다. 예를 들면 석류석 색깔의 템프라니요Tempranillo는 색깔은 진하지 않지만 풀 바디 와인이다. 풀 바디 레드와 화이트와인은 대부분 따뜻한 지역에서 생산된다. 스위트 와인 스타일은 예외이다.

알코올

알코올은 바디를 더해주고 단맛을 내며 열을 낸다. 와인을 테이스팅 한 1~2초 후나 삼킨 후에 나타나며 열감으로나, 또는 단순히 알코올 향을 들여마셔 봐도 도수를 알 수 있다. 때로는 점성으로 알코올의 강도를 알 수 있다. 와인을 잔 속에서 돌린 후 가장자리에 와인의 눈물이 많이 생기고 흘러내리는 속도가 느릴수록 알코올 도수가 높다. 알코올 도수는 포도의 당도와 비례하기 때문에 따뜻한 지역에서 잘 익은 포도로 만든 와인일수록 알코올 도수가 높아진다.

이상적 서빙 온도

화이트:

1. 가볍고 신선한 화이트 10~11도
2. 생기 있는 풀 향 화이트 10~11도
3. 향기를 지닌 아로마 화이트 11~12도
4. 음식과 잘 어울리는 미디엄 바디 회이트 11~12도
5. 중후한 풀 바디 화이트 12~13도

레드:

1. 가볍고 신선한 레드 12~13도
2. 아로마가 풍부한 미디엄 바디 레드 14~15도
3. 스파이시하며 강한 풀 바디 레드 16~17도
4. 개성이 뛰어난 풍미 있는 레드 17~18도
5. 오래 숙성할 수 있는 중후한 레드 17~18도

스파클링 와인: 6~8도 **스위트 와인:** 6~8도

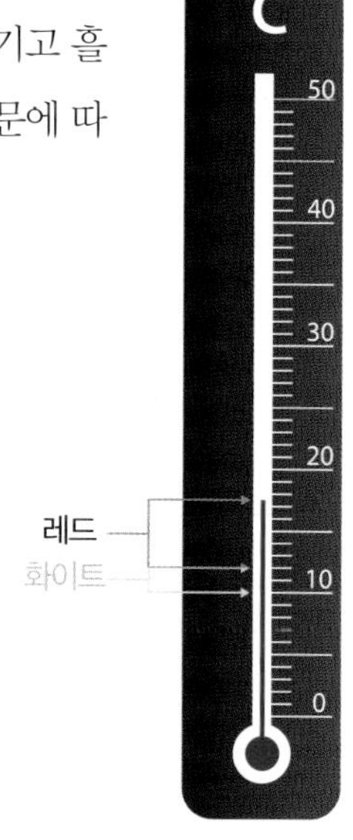

"내일 죽음을 앞둔 사람처럼 살고 영원히 살 사람처럼 배우라."

간디

포도 품종

Chapter 4

포도 품종

와인을 배우는 방법은 두 갈래로 나뉜다. 와인의 생산 지역을 익히거나 또는 포도 품종을 익히는 것이다. 첫 번째는 전통적인 방법으로 와인이 생산된 지역에 초점을 맞춘다. 와인 생산 지역이 프랑스와 이탈리아, 스페인, 독일 등 구세계에 국한 되었을 때는 이 방법으로도 충분했다. 그러나 요즘에는 와인 생산지가 전 세계로 확대되고 지역명이 복잡해져 이를 모두 익히기가 쉽지 않다. 두 번째는 와인을 포도 품종별로 구분하여 배우는 방법이다.

와인의 달인이 될 수 있는 가장 빠르고 확실한 방법은 주요 포도 품종을 익히고 같은 품종으로 만든 와인의 맛을 알아가는 것이라 생각한다. 이 방법은 중요한 국제적 품종의 특성과, 재배 지역에 따라 달라지는 각 품종의 맛과 향에 초점을 맞춘다. 레스토랑의 와인 리스트나 소매상 진열대의 와인도 80~90퍼센트는 포도 품종명(또는 블렌딩한 품종명)이 라벨에 표기되어 있다. 생산지만 표기될 경우에도 품종을 역추적하여 알 수 있는 방법이 있다.

이 책은 포도 품종을 집중적으로 익히는 지름길을 택했다. 5장과 6장은 주요 고급 레드와 화이트 품종 열 개를 소개하고 7장은 그외 국제적으로 인정받는 토착 포도 품종들을 정리했다. 품종의 특성을 알면 라벨에 표기된 품종명으로도 우리가 일상적으로 접하는 와인의 성격과 스타일을 추측할 수 있다. 그러나 유럽 와인은 대부분 품종명을 사용하지 않고 지역명을 라벨에 표기한다. 따라서 4장의 뒷부분에서 유럽 지역명이 함축하고 있는 포도 품종을 알아낼 수 있는 도표를 만들어 참조하도록 했다.

열 개의 고급 품종은 국제적 명성이 있고 역사적 중요성도 있으며, 또한 무엇보다 아시아의 주요 도시에서 쉽게 살 수 있는 와인을 만드는 품종이다. 모두 유럽 종인 비티스 비니페라 *Vitis vinifera* 종에 속하며, EU의 품질 인증 와인은 반드시 비티스 비니페라로 만들어야 한다는 규정이 있다.

이 책에서는 각 품종의 특성을 아시아인에게 익숙한 용어로 표현하였으며 생물학적 기원이나 식물학적, 기술적인 문제보다 품종을 구분하여 묘사할 수 있는 용어에 초점을 맞추었다. 아시아의 용어와 전통적 서구 용어를 나란히 배치하여

우리가 느낄 수 있는 와인의 향미를 서로 공유할 수 있도록 하는 데 중점을 두었다.

품종의 구조에 대해서도 특별히 언급했다. 예를 들어 5장에서는 각 레드 품종의 타닌과 산도, 알코올과 바디를 낮음, 중간, 높음에 따라 도표로 비교했다. 화이트는 당도와 산도, 알코올과 바디를 기준으로 측정했다.

주요 품종에는 다음과 같은 유용한 정보들을 함께 수록했다. 각 품종의 구조와 기후에 따라 달라지는 향미의 범위, 국제적으로 통용되는 용어와 아시아에 맞는 용어 등을 실었다.

라벨에 표기되지 않는 포도 품종

와인 라벨을 읽기 어려운 이유 중 하나는 라벨의 큰 글자가 상호 명칭인지, 생산자 명칭인지, 지역 명칭인지, 포도 품종인지를 잘 알 수 없기 때문이다. 대부분 유럽 와인은 지역이나 도시, 마을, 동네, 때로는 포도밭 이름이 라벨에 크게 표기되어 있다. 다음의 리스트는 유럽의 주요 지역 이름에 가려진 포도 품종을 알아내는 데 많은 도움이 된다.

라벨에 크게 표기된 바르돌리노Bardolino라는 이름이 전혀 생소하다면 우선 와인이 생산된 곳이 어느 나라인지 알아내야 한다. 라벨 아래쪽에 보면 작은 활자로 북부 이탈리아 베네토Veneto 지역이 생산지임을 알 수 있다. 따라서 이 와인은 코르비나Corvina와 몰리나라Molinara, 론디넬라Rondinella 품종의 블렌딩이라는 것도 알아낼 수 있다. 다음 단계는 7장에서 코르비나 품종과 블렌딩의 특성을 찾아보면, 이 와인의 스타일과 향미에 대해 더 알아낼 수 있다.

다음 목록은 아시아의 주요 도시에서 만날 수 있는 와인을 크게 분류하여 품종을 쉽게 알아낼 수 있게 했다. 이 표를 참조하면 지역/장소와 포도 품종의 관계를 파악하는데 도움이 된다. 예를 들면 대부분 독일 화이트와인 = 리슬링이며 레드 보르도 = 카베르네 소비뇽과 메를로, 북부 론 = 시라, 토스카나 = 산조베제, 리오하 = 템프라니뇨이다.

보르도 레드

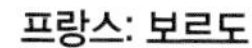

포도 품종: 카베르네 소비뇽Cabernet Sauvignon 위주(좌안), 메를로Merlot 위주(우안), 카베르네 프랑Cabernet Franc과 쁘띠 베르도Petit Verdot 혼합
지역: 좌안–메독, 오 메독Haut-Médoc, 생테스테프Saint-Estèphe, 뽀이약Paulliac, 생 줄리앙Saint Julien, 마고Margaux, 빼싹 레오냥Pessac-Léognan, 그라브Graves
지역: 우안–생테밀리용Saint-Émilion, 포므롤Pomerol, 프롱삭Fronsac, 카농 프롱삭Canon-Fronsac, 프르미에 꼬뜨 드 보르도Premières Côtes de Bordeaux

보르도 화이트

포도 품종: 소비뇽 블랑Sauvignon Blanc 위주, 세미용Sémillon 혼합
지역: 그라브, 빼싹 레오냥, 앙트르 되 메르Entre-Deux-Mers

보르도 스위트

포도 품종: 세미용 위주, 소비뇽 블랑 혼합
지역: 그라브, 소테른Sauternes, 바르삭Barsac, 생트 크루아 뒤 몽Sainte-Croix-du-Mont

부르고뉴 레드

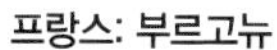

포도 품종: 피노 누아 Pinot Noir
지역: 꼬뜨 드 누이Côte de Nuits, 제브레 샹베르탱Gevrey-Chambertin, 샹볼 뮈지니Chambolle-Musigny, 부조Vougeot, 본 로마네Vosne-Romanée, 뉘 생조르주Nuits-Saint-Georges, 알록스 코르통Aloxe-Corton, 포마르Pommard, 볼네Volnay, 꼬뜨 샬로네즈Côte Chalonnaise, 메르퀴레Mercurey, 지브리Givry

부르고뉴 화이트

포도 품종: 샤르도네Chardonnay
지역: 샤블리Chablis, 꼬뜨 드 본Côte de Beaune, 퓔리니 몽라셰Puligny-Montrachet, 뫼르소Meursault, 샤사뉴 몽라셰Chassagne-Montrachet, 마콩Macon, 푸이 퓌세Pouilly-Fuissé, 꼬뜨 샬로네즈

북부 론 레드

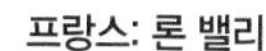

포도 품종: 시라Syrah 위주
지역: 꼬뜨 로티Côte-Rôtie, 크로즈 에르미타주Crozes-Hermitage, 에르미타주Hermitage, 생 조제프Saint-Joseph, 코르나스Cornas

남부 론 레드

포도 품종: 그르나슈Grenache, 시라Syrah, 무르베드르Mourvèdre, 생소Cinsault, 카리냥Carignan 등 혼합
지역: 샤또네프 뒤 파프Châteauneuf-du-Pape, 꼬뜨 뒤 론Côtes du Rhône

북부 론 화이트

포도 품종: 비오니에Viognier; 마르산Marsanne 루산Roussanne 혼합
지역: 꽁드리외Condrieu(100퍼센트 비오니에); 에르미타주(마르산, 루산)

샹파뉴

포도 품종: 피노 누아, 샤르도네, 피노 뫼니에Pinot Meunier 혼합
지역: 샹파뉴Champagne

루아르 벨리 레드 **포도 품종:** 카베르네 프랑, 피노 누아, 가메Gamay
지역: 투렌Touraine, 앙주Anjou, 소뮈르Saumur, 시농Chinon, 부르괴이Bourgueil(카베르네 프랑); 상세르Sancerre, 메네투 살롱Menetou-Salon(피노 누아); 투렌(가메)

루아르 벨리 화이트 **포도 품종:** 소비뇽 블랑, 슈냉 블랑, 믈롱 드 부르고뉴Melon de Bourgogne
지역: 센트럴 비니야드Central Vineyards, 상세르Sancerre, 푸이 퓌메Pouilly-Fumé, 메네투 살롱, 투렌(소비뇽 블랑); 앙주, 소뮈르, 투렌, 꼬또 뒤 레용Coteau du Layon, 사브니에르Savennières(슈냉 블랑); 뮈스카데Muscadet(믈롱 드 부르고뉴)

프랑스: 루아르 밸리

독일 스위트 화이트 **포도 품종:** 리슬링Riesling
지역: 모젤Mosel, 라인가우Rheingau, 나헤Nahe, 라인헤센Rheinhessen, 팔츠Pfalz, 바덴Baden

독일

스페인 레드 **포도 품종:** 템프라니요Tempranillo, 그르나슈Grenache
지역: 리오하Rioja, 리베라 델 두에로Ribera del Duero, 나바라Navarra, 페네데스Penedès, 카탈루냐Catalunya, 프리오라트Priorat, 토로Toro, 라만차La Mancha, 발데페냐스Valdepeñas

스페인

토스카나 레드 **포도 품종:** 산조베제Sangiovese 위주, 카나욜로Canaiolo와 다른 품종 혼합, 카베르네 소비뇽, 메를로 혼합(수퍼 투스칸)
지역: 키안티Chianti, 브루넬로 디 몬탈치노Brunello di Montalcino, 비노 노빌레 디 몬테풀치아노Vino Nobile di Montepulciano, 토스카나 IGT

이탈리아: 토스카나

피에몬테 레드 **포도 품종:** 네비올로Nebbiolo
지역: 바롤로Barolo, 바르바레스코Barbaresco

피에몬테 화이트 **포도 품종:** 코르테제Cortese
지역: 가비Gavi

이탈리아: 피에몬테

베네토 레드 **포도 품종:** 코르비나Corvina, 몰리나라Molinara, 론디넬라Rondinella 혼합
지역: 발폴리첼라, 아마로네Amarone, 레치오토 델라 발폴리첼라Recioto della Valpolicella, 바르돌리노Bardolino

베네토 화이트 **포도 품종:** 가르가네가Garganega, 피노 비앙코, 샤르도네, 트레비아노Trebbiano
지역: 소아베Soave

이탈리아: 베네토

"지금 이 순간의 목표보다 더 중요한 것은 없다."

야마모토 츠네토모

국제적 레드 품종

Chapter 5

Chapter

국제적 레드 품종

5대 전통적 레드

레드와인의 주요 품종인 카베르네 소비뇽과 메를로, 피노 누아, 시라, 그르나슈의 향미와 구조를 알면 레드와인을 훨씬 더 쉽게 선택할 수 있다. 각 품종에는 중심이 되는 향미와 구조가 있다. 구조를 이루는 산도와 타닌, 바디, 알코올의 양은 크게 변하지 않는 반면 향미는 기후와 양조 방법에 따라 광범위하게 달라진다.

5장에서는 주요 품종의 지역적 특색을 소개하고, 유럽에서 와인을 묘사하는 일반적인 용어와 함께 아시아의 용어도 소개한다. 아시아의 주요 도시에서 소비하는 레드와인의 2/3 이상이 위의 다섯 가지 품종에 속한다. 전 세계 전통적 생산지의 지역적 특성을 알면 기후와 위치에 따른 품종의 차이를 알 수 있고 향미의 범위도 좁혀갈 수 있다.

와인의 향미를 설명하기 위해 사용하는 용어는 자칫 혼란을 일으키기 쉽다. 아시아인들은 가끔 와인에서 어떻게 블랙베리나 계피, 감초, 초콜릿 향이 함께 날 수 있는지 의아해한다. 이 책에서는 우선 많은 표현 중에 가장 보편적으로 사용하는 용어를 선택하여(예를 들면 카베르네 소비뇽은 블랙커런트) 아시아에서 이를 대신할 수 있는 비슷한 향을 찾아 참조하게 하였다.

아시아인에 익숙한 과일과 야채, 향료와 양념 등은 새로운 아시아적 표현의 가능성을 열어준다. 카베르네 소비뇽을 예로 들면 아시아인에게 생소한 블랙커런트보다 대추나 말린 대추 향으로 표현하면 친숙하다. 그러나 너무 많이 소개하면 또 다른 혼란을 일으키기 때문에 각 품종에 적합한 향을 몇 개씩만 간단히 선택하였다. 묘사란 원래 주관적이다. 이를 기본으로 익힌 후 기억하는데 도움이 되는 나 자신의 용어를 찾아 표현하고 대화하며 와인 감상의 궁극적인 기쁨에 도달할 수 있기를 바란다.

마스터 오브 와인MW 준비로 몇 달 동안 매일 10~20종의 와인을 블라인드 테이스팅하며, 나는 용어의 부족과 표현의 한계를 절실히 느끼게 되었다. 와인 생산 지역과 나라에 따라 향미와 구조의 차이는 분명하게 나타난다. 구세계의 전통적 지역에서는 원산지 통제가 이루어지며 품질 인증기관이 이미 이를 잘 구분하여 정리해 놓았다. 신세계 지역도 같은 품종을 블라인드 테이스팅하면 나라 또는 지역별 특징이 나타난다. 따라서 각 주요 레드 품종별로 지역적인 차이를 나타내는 도표를 만들었으며, 전통적 용어와 아시아 용어를 함께 수록하여 이해를 돕고자 했다.

물론 와인을 묘사하는 데에는 함정이 있을 수 있다. 어떤 의견이라도 예외가 있을 수 있고 어떤 용어라도 다른 표현으로 다양하게 바꿀 수 있다. 우리의 목표는 마음을 열고, 일상의 한 부분이든 새롭고 흥분되는 어떤 것이든, 적합한 사물을 찾아서 와인의 느낌을 일단 표현해 보는 것이다.

아시아 용어는 공통적 시각 언어인 사진으로도 수록하여 쉽게 알아볼 수 있게 했다. 아시아 용어의 도입을 통해 아시아 음식의 풍부함을 세계에 알리며, 동시에 와인 세계도 아시아와 좀 더 가까워질 수 있기를 바란다.

아시아의 주요 도시에서는 레드와인의 수요가 화이트와인보다 3배 정도 많다.

카베르네 소비뇽

보르도 레드와인의 대명사인 카베르네 소비뇽Cabernet Sauvignon은 포도 품종의 왕좌를 차지한다. 세계적으로 널리 재배되지만 온화한 기후와 더운 지역에서 더 좋은 포도를 생산한다. 포도 알이 작고 껍질이 검고 두껍다. 서늘한 지역에서는 완숙에 어려움이 있으며 완숙되지 못하면 야채 향과 쓴맛이 강해진다. 따라서 보르도와 뉴질랜드의 혹스 베이Hawkes Bay 같은 지역은 서늘한 해에는 완숙이 쉽지 않아 야채 향을 줄이기 위해 애를 태운다. 그러나 이런 기후의 한계선에서 어렵게 자라면 포도의 향미가 천천히 단계적으로 쌓이기 때문에 고급 와인이 될 수 있는 포도가 된다.

카베르네 소비뇽은 거칠고 강한 타닌을 부드럽게 하거나 또는 원하는 스타일로 만들기 위해 다른 품종과 블렌딩을 하는 경우가 많다. 보르도에서는 주로 메를로와 카베르네 프랑과 짝지어 블렌딩한다. 메를로는 타닌이 낮으며 자두 향으로 카베르네 소비뇽의 거친 느낌을 메워주고 바디를 유연하게 만든다. 나파에서는 주로 메를로와, 토스카나에서는 산조베제, 남 프랑스와 호주에서는 시라/쉬라즈, 남아공에서는 피노 타지Pinotage와 혼합한다.

100퍼센트 카베르네 소비뇽은 신세계에서 만들기 시작하였다. 미국의 캘리포니아와 워싱턴 주에서 고급품을 생산하며 호주 전 지역에서 개성 있는 스타일을 생산한다. 칠레의 마이포Maipo와 라펠Rapel 밸리는 재배하기 가장 좋은 지역이다. 남아공의 스텔렌보쉬Stellenbosch와 팔Paarl은 보르도와 호주의

특성

카베르네 소비뇽은 색깔이 깊고 타닌이 강한 풀 바디 레드 와인을 만든다. 블랙커런트 또는 대추 향이 중심이 되며 단순한 와인부터 무한히 복합적인 와인까지 다양한 스타일이 가능하다. 오랜 병 숙성을 견딜 수 있는 품종이며 어떤 지역에도 잘 적응한다.

카베르네 소비뇽의 구조

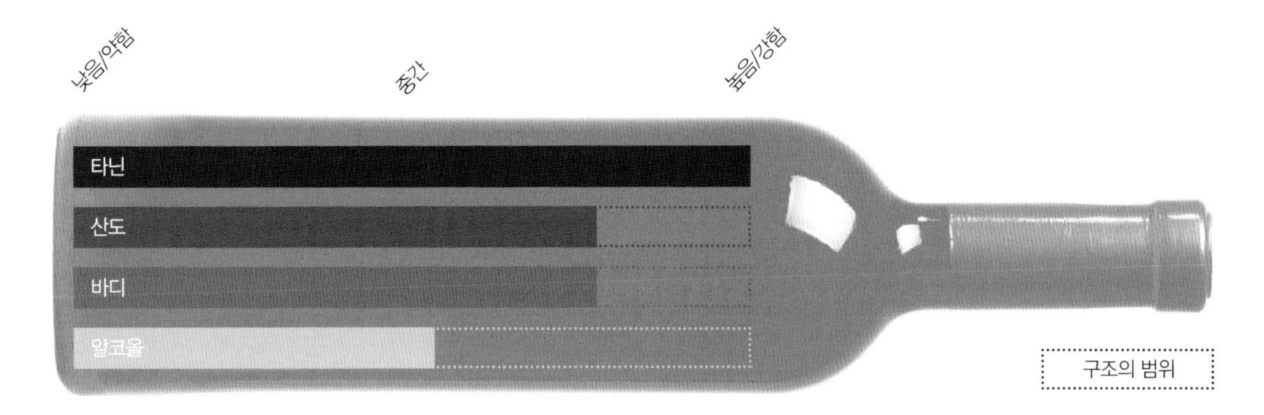

카베르네 소비뇽은 카베르네Cabernet 또는 캡 사브Cab Sav, 캡Cab으로 줄여 부른다. 피노 누아Pinot Noir는 종종 피노라고 부른다. 과일향 가득한 호주 스타일 시라Syrah는 "Shiraz쉬라즈"로 라벨에 표기된다; "Syrah시라"로 표기된 와인은 북부 론의 절제된 스타일이며 스파이스와 동물 향이 있다.

중간 스타일이며 뛰어난 품질의 와인을 생산한다. 유럽 지역 중 남부 프랑스와 북동 스페인에서는 품종을 라벨에 표기하기도 한다.

카베르네 소비뇽은 아로마와 향미가 뚜렷하고 수명이 매우 길다. 전형적 향미는 블랙베리, 블랙커런트, 체리 향 등 일련의 검은 과일향이다. 카베르네 소비뇽의 어머니인 소비뇽 블랑과 비슷한 야채와 허브 향도 난다. 카베르네 소비뇽은 강한 타닌과 충분한 과일향을 지니고 있기 때문에 수십 년의 병 숙성도 가능하다. 1940년, 1950년, 1960년대의 고급 보르도는 아직도 놀랄 만큼 생생할 수 있으며 가죽과 버섯, 담배 등 오래된 제 3의 숙성 향으로 깊은 복합성을 더해 준다.

카베르네 소비뇽은 스타일과 품질의 폭이 매우 넓은 다양성이 있는 품종이다. 보르도에서는 카베르네 소비뇽 위주로 블렌딩을 하며, 시가 박스ciga box 향이 나는 타닉하고 근엄한 스타일을 만든다. 호주와 캘리포니아에서는 감미롭고 잘 익은 과일향이 넘치는 스타일이 된다. 기후에 따라 스타일이 달라지며 서늘한 곳은 붉은 과일향과 쓴 타닌과 함께 피망 또는 완두콩, 민트 등 야채 향이 강하게 나타난다. 온화한 곳은 블랙커런트 또는 말린 대추, 말린 산사나무 열매 향이 난다. 서늘한 지역 스타일보다 타닌이 덜 쓰다. 더운 곳은 잘 익은 과일향과 함께 색깔은 더 깊어지고, 타닌은 강하지 않으며 야채 향은 거의 없다. 그러나 아주 더운 지역의 카베르네 소비뇽은 맥 빠진 산미와 약한 타닌으로 활력이 없어지며 익힌 과일이나 잼같은 향미가 난다.

카베르네 소비뇽은 오크와 매우 잘 어울린다. 오크통 숙성은 두꺼운 포도 껍질에 있는 자연 타닌을 부드럽게 만든다. 최고가 와인 시장을 겨냥하는 생산자들은 향이 깊고 농축된 카베르네 소비뇽을 수개월에서 2년 이상 100퍼센트 프랑스 오크통에 숙성한다. 종종 미국산 오크통도 사용한다. 새 오크통은 타닌의 분자 구조를 바꾸고 질감을 부드럽게 만들어 와인에 색다른 차원의 풍미와 무게를 더해준다. 그러나 포도의 품질이 좋지 않은 경우, 새 오크통에서 숙성시키면 포도의 과일향이 압도당하고 나무 냄새가 나는 개성 없는 와인이 된다.

카베르네 소비뇽의 향미를 표현하는 보편적인 용어 중 자주 등장하는 아시아 용어로는 대추를 들 수 있다. 생대추나 말린 대추 또는 붉거나 검은 대추 등 대추를 연상하면 된다.

지난 10년간 중국에서 가장 많이 심은 포도 품종은 카베르네 소비뇽이다. 다른 인기 품종은 카베르네 프랑과 비슷한 카베르네 게르니쉬트Cabernet Gernischt이며 색깔이 깊은 풀 바디의 레드와인을 만든다.

카베르네 소비뇽의 지역적 특색

프랑스: 보르도

보르도 레드와인은 카베르네 소비뇽과 메를로, 카베르네 프랑, 또는 쁘띠 베르도를 블렌딩한다. 만 명이 넘는 보르도의 생산자들은 각기 다른 스타일의 와인을 만들며, 여러 가지 포도 품종을 혼합하여 와인의 품질과 성격도 다양하다. 가론 강을 중심으로 좌안 메독 지역은 카베르네 소비뇽의 블렌딩 비율이 많아 타닌이 높으며, 검은 베리류의 향이 짙은 남성적 스타일이다. 우안은 메를로 위주로 블렌딩하며 자두나 감 비슷한 향미가 난다. 풍부하고 알코올이 높으며 질감이 부드럽다.

좌안의 고전적 보르도 와인 중 영 와인은 신선한 블랙커런트와 대추 향이 삼나무 향과 섞여 있다. 해가 지날수록 과일향은 엷어지며 와인의 구조 속에 스며들고, 시가 박스와 말린 버섯 향이 뚜렷하게 나타난다.

다른 지역에 비하여 고급 보르도 와인은 산미가 단단하고 타닌이 분명하며 구조가 촘촘하다. 알코올

프랑스: 보르도
보르도는 카베르네 소비뇽 위주 블렌딩 와인의 본고장이다. 가장 탐미적이며 복합적인 와인이며 오랜 숙성이 가능하다.

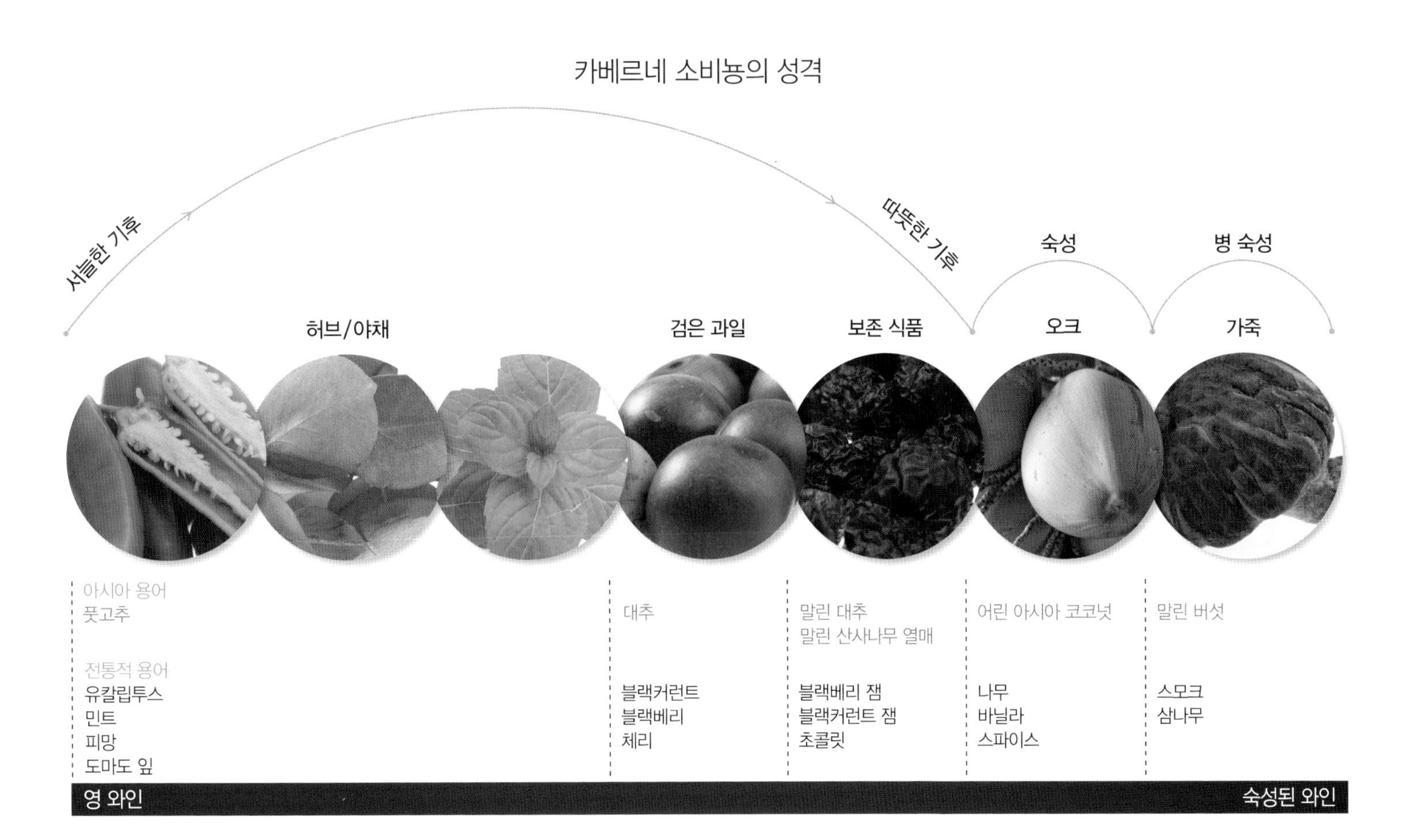

1
2
3
4
5
6
7
8
9
10
11
12

은 13~14도로 신세계의 같은 품종보다 낮다. 최고품은 남성적인 힘이 있고 또 깔끔하기도 하여 신세계의 기름지고 풍요로운 스타일과는 대조가 된다. 빈티지에 따라 와인의 농축도와 타닌의 질이 달라지며 가격도 차이가 난다.

좌안left bank은 가론Garonne 강 좌측으로 메독Medoc과 그라브Grave가 주 지역이며 카베르네 소비뇽 위주이다. 우안right bank은 도르도뉴Dordogne 강 북쪽에 위치하며 메를로가 위주이다. 우안의 주요 지역은 포므롤Pomerol과 생테밀리옹Saint-Émillion이다.

이탈리아: 토스카나

이탈리아의 북부와 중부에 소규모의 카베르네 소비뇽 재배 지역이 있다. 서늘한 북부 피에몬테 지역에서는 생기 있는 검은 베리류 향의 라이트 바디 와인을 생산한다. 중부 이탈리아의 토스카나는 고품질 와인을 생산하며 가끔 토착 품종 산조베제와 블렌딩한다. 산도가 높고 타닌이 조밀한 풀 바디 와인으로 작은 프랑스 오크통에서 숙성시킨다. 중국 홍차 잎과 체리 향이 나며 산미가 강하다. 토스카나의 서해안은 농축된 카베르네 소비뇽으로 고품질의 수퍼 투스칸Super Tuscan을 생산한다. 안티노리Antinori 등 고급 생산자들이 카베르네 소비뇽을 블렌딩하여 와인을 만들자 정부는 토스카나 와인에도 카베르네 소비뇽을 허용하는 법적 근거(IGT: Indicazione Geografica Tipica)를 마련했다. 보르도 외 지역에서는 토스카나의 카베르네가 가장 구세계적 스타일을 추구하고 있다.

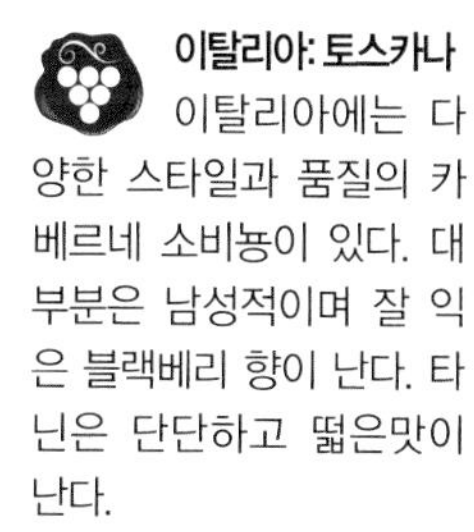

이탈리아: 토스카나
이탈리아에는 다양한 스타일과 품질의 카베르네 소비뇽이 있다. 대부분은 남성적이며 잘 익은 블랙베리 향이 난다. 타닌은 단단하고 떫은맛이 난다.

미국: 캘리포니아

미국 고급 카베르네는 블렌딩했거나 단일 품종이거나 모두 품질이 좋다. 전형적 캘리포니아 카베르네는 잘 익은 검은 베리류와 대추 향이 나며, 질감이 섬세하고 타닌이 입에 붙는다. 메를로와 블렌딩하면 나파 밸리의 최고 와인 중 하나인 오프스 원Opus One처럼 단맛과 자두 향이 나며 원만해진다. 고품질 와인은 타닌이 조밀하게 느껴지고, 프랑스나 미국산 새 오크통에 숙성하면 어린 아시아 코코넛 향이 난다. 산타 바바라Santa Barbara나 몬트레이Monterey 등 서늘한 지역에서 만든 와인은 피망이나 민트와 비슷한 야채 향이 약간 난다. 호주 와인과 비교하면 캘리포니아 고급 와인은 더 풍만하고 너그러우며 강한 타닌 구조를 갖춘 대단히 복합적인 와인이다.

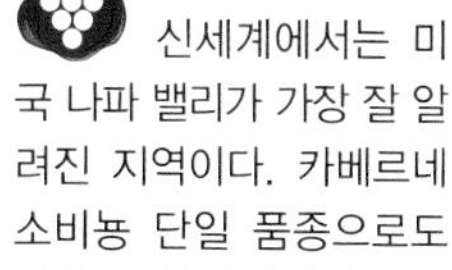

미국: 캘리포니아
신세계에서는 미국 나파 밸리가 가장 잘 알려진 지역이다. 카베르네 소비뇽 단일 품종으로도 만들고, 블렌딩하여 진하고 풍부한 와인도 만든다. 오랜 숙성도 가능하다.

왼쪽 페이지: 카베르네 소비뇽 향에 대한 묘사
1. 녹차 잎 2. 블랙 올리브 3. 말린 산사나무 열매 4. 유칼립투스 5. 말린 버섯 6. 말린 대추 7. 풋고추 8. 어린 아시아 코코넛 9. 말린 구기자 10. 홍차 잎 11. 체리 12. 대추

최고의 미국 카베르네는 풀 바디 와인으로 관능적이고 풍미가 좋으며 수십 년도 숙성이 가능하다. 캘리포니아에서는 나파(러더포드Rutherford, 스택스 립Stag's Leap)와 소노마, 센트럴 코스트(산타 크루즈 Santa Cruz) 지역에서 고품질 카베르네를 생산한다. 더운 생산 지역으로 파소 로블스Paso Robles가 대표적이다.

호주
카베르네 소비뇽 단일 품종 와인과 블렌딩한 와인 등 스타일과 품질 등급이 매우 다양하다. 잘 익고 과일 펀치 향이 나며 믿을 수 있는 와인이다. 장기 보관도 가능하다.

호주

호주의 카베르네 소비뇽은 대부분 잘 익은 블랙베리와 체리, 블랙커런트 등 과일향이 뚜렷하다. 남 호주의 맥러렌 베일McLaren Vale이나 바로사Barossa 등 따뜻한 지역에서 만든 와인은 야채 향이 거의 없고 과일잼 향이 지배적이다. 빅토리아 주의 야라 밸리Yarra Valley 같은 서늘한 지역은 보르도와 필적하는 구조와 과일향을 갖춘 와인을 만든다. 호주 카베르네는 가끔 유칼립투스 향을 풍기며 말린 대추와 비슷한 익은 과일향도 난다. 보르도와 비교하면 타닌의 질감이 더 부드럽고 알코올 도수가 높다. 빅토리아의 서늘한 지역과 서 호주의 마가렛 리버, 남 호주의 쿠나와라Coonawarra에서 우아하고 섬세하며 뛰어난 카베르네가 생산된다.

칠레
칠레 와인은 대부분 믿을 만하며 가격이 적당하다. 주로 일상 와인을 생산하지만 장기 숙성용 고급 와인도 양은 적지만 늘어나고 있다.

칠레

칠레 와인은 대부분 중저가 시장을 겨냥하여 만든다. 카베르네 소비뇽 단일 품종의 고급 와인과 또 블렌딩한 와인도 늘어나고 있다. 칠레의 전형적 카베르네 소비뇽은 깊은 루비 색의 단순한 와인이며 블랙커런트와 퀸스quince, 민트, 풋고추 향이 섞여 있다. 타닌 구조는 호주 와인보다 단단하나 캘리포니아 와인에 비하면 질감이 거칠고 모가 난다. 센트럴 밸리는 믿을 만한 풀 바디의 고전적 카베르네 소비뇽을 생산하는 지역이다. 돈 멜코르Don Melchor, 알마비바Almaviva, 세냐Sena 등이 대표적 와인이다. 앞으로 적합한 가격대의 좋은 와인이 기대되는 지역이다.

남아공
남 아프리카의 카베르네 소비뇽은 보르도 좌안보다 더 바디감이 풍부하다. 타닌은 투박하고 조악한 느낌을 준다.

남아공

역사적으로 남아공 와인은 소박한 과일향과 높은 타닌, 거칠고 떫은 피니시가 있다는 평판을 받고 있다. 조심스런 양조를 통해 투박한 이미지는 벗었으나 품질의 기복이 심한 편이다. 대부분의 와인은 잘 익은 검은 베리류 향과 거칠고 강한 타닌, 흙내가 나며 피니시에서 연기 냄새가 난다. 스텔렌보쉬Stellenbosch와 팔Paarl의 고급 와인은 녹차 잎 향을 풍기며 스모키하다.

카베르네 소비뇽의 지역적 표현

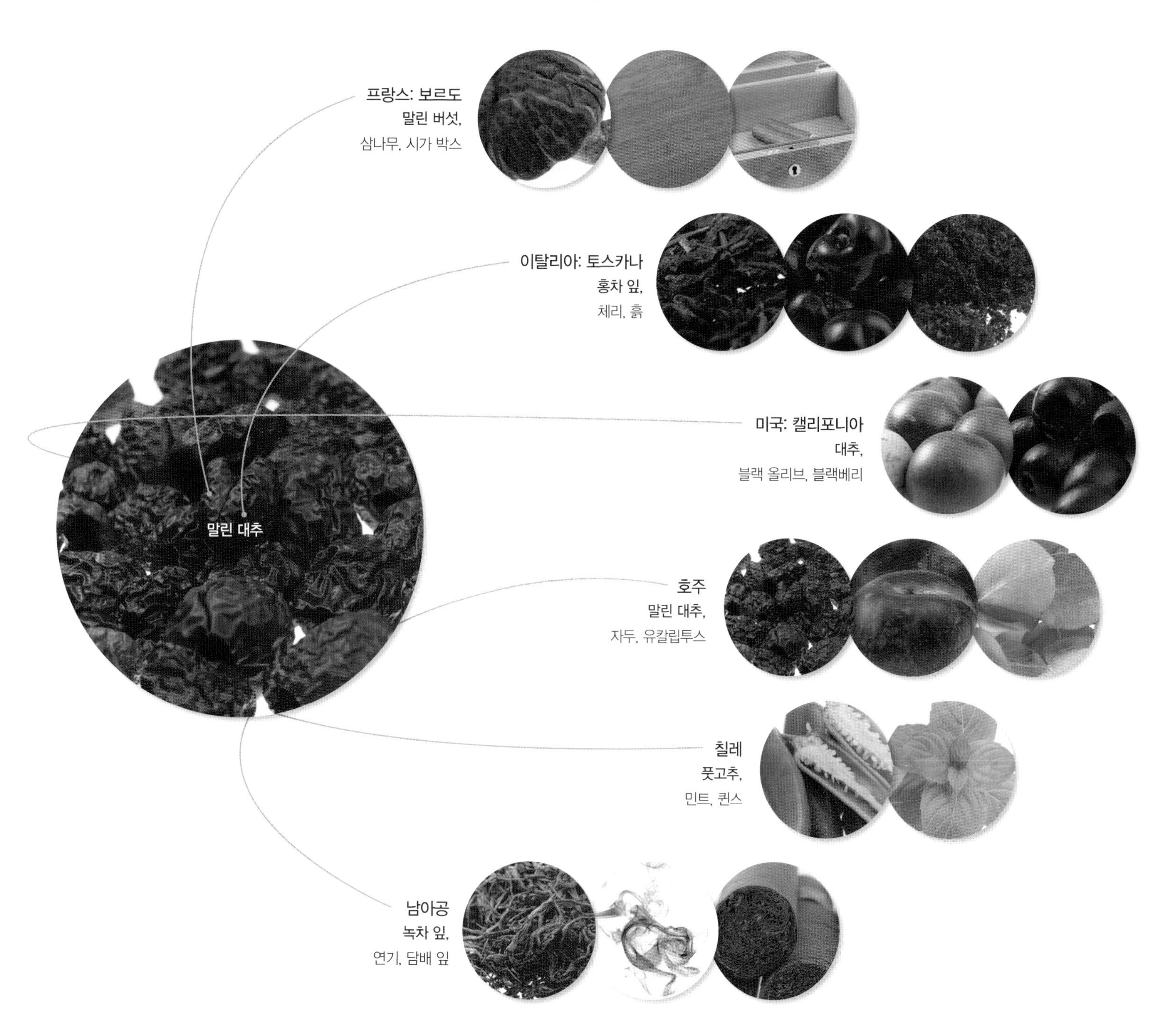

시라

특성
시라, 또는 호주에서는 쉬라즈로 불리며 후추와 스파이스 향이 뚜렷하다. 검은 과일향의 매력적인 풀 바디 와인으로 세계적인 관심을 끌고 있다.

시라Syrah는 검은 과일향과 스파이스 향을 특징으로 꼽는다. 색깔과 향미의 밀도가 높으며 호주 따뜻한 지역의 쉬라즈Shiraz는 타닌이 원만하고 서늘한 지역은 타닌이 강하다. 과일향은 지역마다 다르게 나타난다. 카베르네 소비뇽과 유사한 검은 베리류와 대추 향이 나며 메를로를 연상시키는 자두나 감과 같은 과일향도 난다. 따뜻한 지역의 시라는 나무딸기 향이 나며 잼처럼 진득하게 되기 쉽다. 입에서 느끼는 미감도 기후에 따라 차이가 많이 난다. 그러나 일반적으로 카베르네 소비뇽보다는 타닌이 더 부드럽고 거부감이 없다.

시라는 따뜻한 햇볕에서 잘 자란다. 시라의 본 고장은 프랑스의 론Rhône 밸리이다. 론 북부에서는 단일 주요 품종으로, 남부에서는 여러 품종을 블렌딩한다. 에르미타주Hermitage나 꼬뜨 로티Côte-Rôtie 등 북부 론의 유명한 시라 기본 와인은 광동식 로스트 포크char siu나 염장 삼겹살salted pork, 또는 탄두리 스파이스 향과 검은 후추 향이 가득하다. 꼬뜨 로티에서는 화이트 품종인 비오니에를 전통적으로 소량 블렌딩하여 색깔과 꽃 향을 더해준다. 호주에서도 비오니에를 블렌딩하는 스타일이 점점 늘어나고 있다.

타닉하고 풍미 있는 북부 론 시라는 호주 등 신세계 지역의 와인과는 매우 대조적이다. 쉬라즈는 호주에서 가장 많이 심는 레드 품종이다. 호주의 넓고 다양한 재배 지역에서는 각기 개성이 다른 쉬라즈를 생산한다. 바로사 밸리Barossa Valley와 맥러렌 베일McLaren Vale 쉬라즈는 후추 향보다는 계피와 스타 아니스star anise 향이 나타나며 잘 익은 블랙베리 향도 난다. 헌터 밸리Hunter Valley 쉬라즈는 가죽 향이 더 나며 빅토리아와 서부 호주 쉬라즈는 검은 후추 향을 드러낸다.

시라의 구조

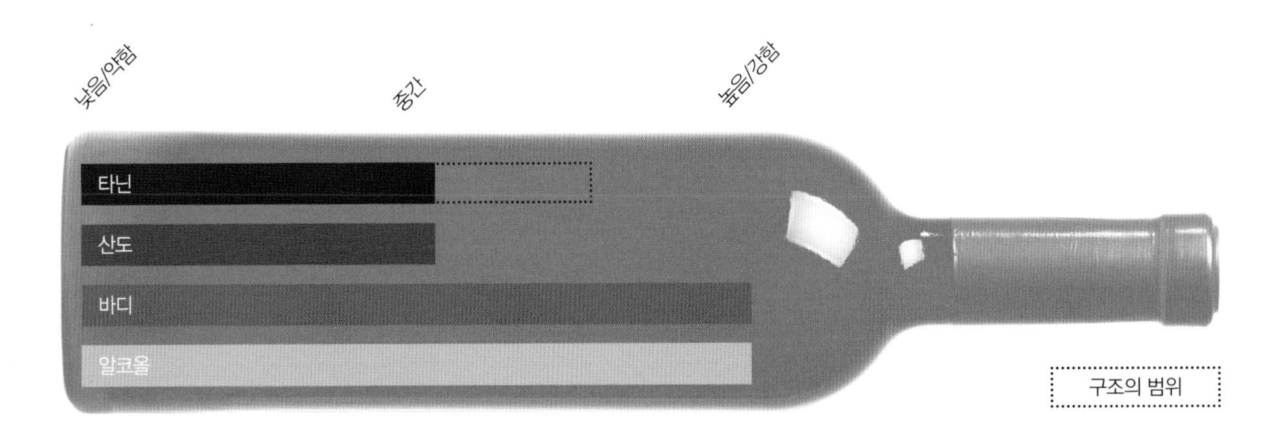

신세계 쉬라즈는 일반적으로 단팥 앙금 향미가 있고 타닌이 부드러운 스타일로 더운 지역의 와인 특성을 나타낸다. 시라는 어느 곳에서도 잘 자란다. 수확량이 많고 친근한 프루트 펀치 과일향으로 세계적으로 인기가 상승하고 있다. 호주 외 미국(캘리포니아)과 남아공, 칠레, 아르헨티나에서도 시라에 대한 열정이 대단하다.

시라는 또한 남 프랑스에서 블렌딩에 중요한 역할을 맡고 있다. 그르나슈Grenache와 무르베드르Mourvèdre, 생소Cinsault 등 남부 론 품종의 과일향 성격에 복합성을 더해주고 균형을 이루게 한다. 블렌딩의 주요 품종으로 부드럽고 따뜻한 그르나슈의 연한 색깔을 짙게 만들며, 블랙베리 향과 타닌을 더하여 구조를 보강해 준다.

어느 지역에서 재배하든 시라는 특이한 갖가지 스파이스 향으로 다른 레드 품종과는 구분이 된다.

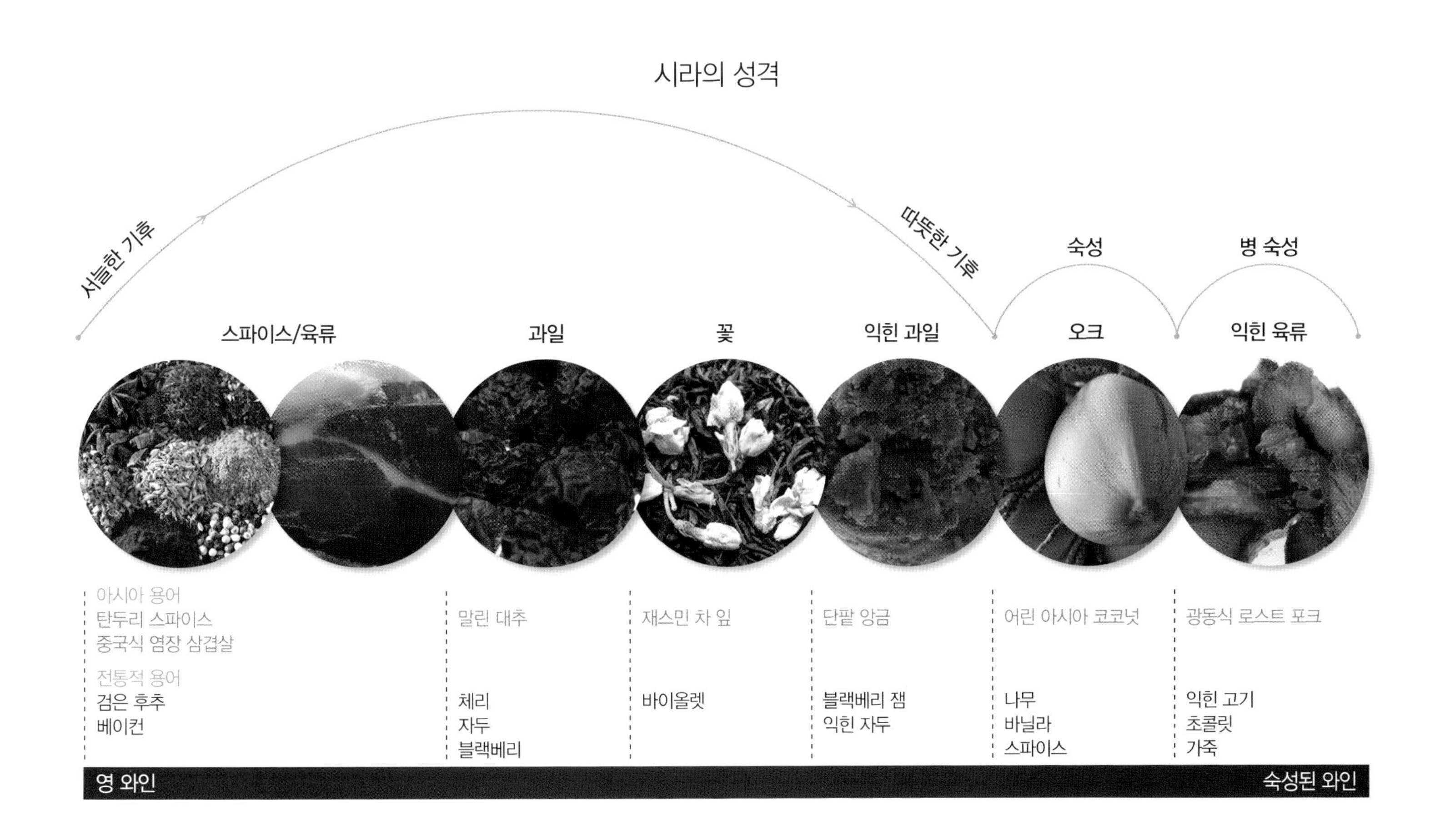

시라의 지역적 특색

프랑스: 북부 론
시라의 본 고향이다. 풍미 있고 스파이시한 향을 바로 느낄 수 있다. 와인은 가파른 화강암 언덕과 지중해 연안의 북서풍Mistral, 거친 대륙성 기후 등 포도가 자라는 환경을 잘 반영한다.

프랑스: 북부 론

북부 론 시라는 광동식 로스트 포크와 운남식 햄Yunan ham, 중국식 염장 삼겹살 등 중국 돼지고기 요리를 연상시킨다. 동물적이며 스파이시한 풍미는 일반적으로 대륙성 기후인 북부 시라의 특성이다. 북부 론 와인은 짙은 석류석 색깔이며 타닌이 강하고 남성적인 풀 바디 와인이다. 말린 대추와 블랙베리 등 과일향이 있지만 지배적이지는 않다. 더운 해에는 맛있는 풍미를 기본으로 감초와 단팥죽 향미가 부각되기도 한다.

북부 론에서 가장 좋은 시라 생산지는 에르미타주Hermitage와 꼬뜨 로티Côte-Rôtie 두 곳이다. 최고급 와인은 보르도의 고급 와인과 견줄 만한 숙성력이 있다. 새 오크통을 전통적으로는 거의 사용하지 않았으나 최근에는 와인에 복합성과 풍부함을 주기 위해 적절히 사용하는 생산자들이 늘고 있다.

에르미타주는 고전적 스타일의 시라를 생산한다. 타닌이 강하며 검은 후추 향과 풍미 있는 중국식 염장 삼겹살 향미가 지배적이다. 꼬뜨 로티는 꽃 향이 강하고 스파이스와 동물 향은 순한 편이다. 시라에 비오니에를 약간 첨가하면 색깔이 깊어지며, 강한 타닌과 복합적인 과일향에 재스민 향이 더해진다.

코르나스Cornas의 시라는 북부 지역보다는 덜 알려졌지만 미네랄 향이 두드러진다. 검고 든든하며 소박한 와인을 만든다. 크로즈 에르미타주Crozes-Hermitage와 생 조제프Saint-Joseph는 보다 가벼운 스타일이며 맛있는 풍미와 함께 시라의 과일향 성격이 더 드러난다.

북부 론의 최고가 와인은 꼬뜨 로티의 단일 포도밭에서 만드는 와인으로 수집가들이 가장 갖고 싶어 하는 와인이다. 기갈Guigal의 3개 단일 포도밭, 즉 라 물랭La Mouline, 라 랑돈La Landonne, 라 튀르크La Turque는 보르도의 일등급 마고나 라투르, 무통보다 더 비쌀 수 있다.

프랑스: 남부 론, 남 프랑스
과일향이 강하고 알코올과 바디가 단단하며 기운 찬 와인을 생산한다. 즙 많은 과일향의 그르나슈에, 시라와 무르베드르를 블렌딩하여 골격을 만들고 단단한 디닌을 더한다. 수십 년 병 숙성이 가능한 최고급 와인으로 꼽힌다.

프랑스: 남부 론, 남부 프랑스

남부 론에서 시라는 그르나슈Grenache와 무르베드르Mourvèdre, 생소Cinsault 등 여러 레드 품종들과 블렌딩 한다. 이 지역은 따뜻한 지중해성 기후로 포도가 빨리 익으며 당도도 높다. 알코올도 높아 쉽게 취할 수 있는 와인이며 탄두리 스파이스 향을 풍긴다. 샤또네프 뒤 파프Châteauneuf-du-Pape지역은 남부 론의 농축된 블렌딩 스타일을 보여준다. 시라는 검은 베리류 향을 더해 주고 색깔을 깊게 하며, 타닌을 강화시켜 단단한 골격을 만들어준다. 남부 프랑스도 프로방스처럼 단일 품종으로나 또는 블렌딩하여 만들며, 뱅 드 페이 독Vin de Pays d'Oc으로 표기하기도 한다.

오른쪽 페이지: 시라 향에 대한 묘사

1. 단팥 앙금 2. 탄두리 스파이스 3. 블랙베리 잼 4. 재스민 차 잎 5. 후추 열매 6. 중국식 염장 삼겹살 7. 블루베리 8. 스파이스 9. 대추 10. 계피 11. 정향

1
2
3
4
5
6
7
8
9
10
11

호주: 남 호주
풍부하고 과일향이 그득한 쉬라즈를 생산한다. 풀 바디로 색깔이 깊고 타닌은 부드러우며 너그러운 스타일이다.

호주: 남 호주

쉬라즈Shiraz라는 이름으로 불리며 호주에서 재배 면적이 가장 넓은 레드 품종이다. 단순한 과일향부터 풀 바디 스타일, 카베르네 소비뇽과 블렌딩한 스타일 또는 100퍼센트 쉬라즈까지 다양하다.

남 호주 최고의 쉬라즈는 농축된 검은 과일향을 나타낸다. 단팥 앙금이나 잘 익은 블랙베리, 말린 대추 향미가 깔려 있다. 쉬라즈 고목이 곳곳에 남아 있어 최고급 와인 시장을 겨냥하는 생산자들은 대단한 원자재를 확보하고 있는 셈이다. 남 호주의 주요 지역인 바로사 밸리와 맥러렌 베일의 와인은 거의 구별하기 어렵다. 다만 경험이 많은 사람들은 바로사Barossa 와인에서는 초콜릿 향이 나고 육감적이며, 맥러렌McLaren은 단 커피 향이 난다고 한다. 론 밸리 와인보다는 타닌의 구조가 부드러워 쉽게 친해질 수 있다. 호주의 쉬라즈가 중요한 품종이 된 이유도 과일향이 나는 친근한 스타일이기 때문이다.

남 호주가 광대한 만큼 쉬라즈의 스타일도 넓고 다양하다. 더운 리버랜드Riverland 지역은 일상 와인을 생산한다. 라임스톤 코스트Limestone Coast의 일부 서늘한 지역과 쿠나와라Coonawarra, 패트웨이Padthaway에서는 보다 더 스파이시한 서늘한 지역의 쉬라즈 성격이 나타난다.

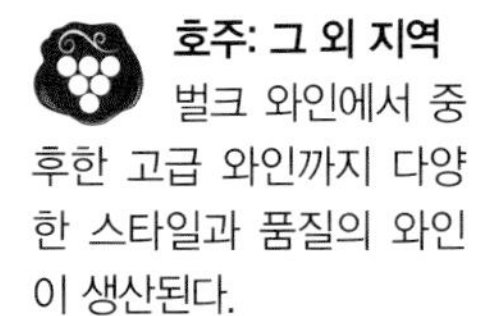

호주: 그 외 지역
벌크 와인에서 중후한 고급 와인까지 다양한 스타일과 품질의 와인이 생산된다.

호주: 그 외 지역

뉴 사우스 웨일즈의 헌터 벨리Hunter Valley 쉬라즈는 론 지역과 비슷한 후추와 가죽 향이 있지만, 풀 바디이며 잘 익은 과일향이 나는 점이 다르다. 따뜻한 지역의 대표적 쉬라즈로 풍미와 단맛, 중국식 염장 삼겹살과 단팥 앙금 향미가 난다.

마가렛 리버Margaret River 쉬라즈는 과일향이 분명히 드러나며 대추와 검은 후추 향이 진하게 난다. 서 호주와 빅토리아Victoria의 서늘한 지역 와인은 타닌과 스파이스 향이 두드러진다.

대부분의 일상 와인은 빅토리아에서 뉴 사우스 웨일즈에 이르는 남동 호주의 따뜻한 지역에서 생산된다. 제이콥스 크릭Jacob's Creek이나 린드만Lindeman's, 옐로 테일Yellow Tail 등 주요 브랜드 와인은 이 지역 포도를 사용하며, 달콤한 과일향과 타닌이 부드러운 가볍게 마실 수 있는 일상 와인이다.

수집가들이 탐내는 호주에서 가장 비싼 와인인 그레인지Grange는 맥스 슈버트Max Schubert가 프랑스를 여행한 후 호주에 돌아와 1952년에 출시했다. 남 호주의 오래된 소규모 포도밭에서 나는 쉬라즈로 만들며 단일 포도밭 와인은 아니다. 일반적으로 최고의 와인은 단일 테루아의 고유한 성격을 나타내야 한다는 테루아적 이론과는 맞지 않는 특이한 와인이다. 1971년과 1976년, 1998년산이 그레인지의 독특한 스타일을 보여준다. 그레인지의 성공과 긴 수명, 높은 품질은 포도밭의 특수한 테루아 때문이라기보다는 포도나무의 나이와 양조 기술 덕분이라고 할 수 있다.

시라의 지역적 표현

후추 열매

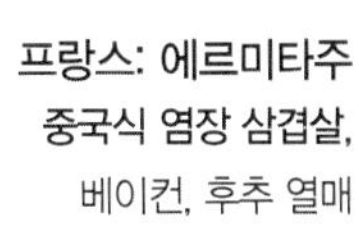

프랑스: 에르미타주
중국식 염장 삼겹살,
베이컨, 후추 열매

프랑스: 꼬뜨 로티
재스민 차 잎,
붉은 꽃, 사냥고기

프랑스: 샤또네프 뒤 파프
탄두리 스파이스, 정향,
검은 과일, 스파이스

호주: 바로사,
맥러렌 베일
단팥 앙금,
계피, 블랙베리 잼

호주: 헌터 밸리
말린 대추,
블루베리, 가죽

호주: 빅토리아
대추, 탄두리 스파이스
블랙베리

메를로

특성

메를로는 다양한 성격을 가진 품종이다. 보르도 포므롤의 페트뤼스와 같은 천상의 와인이 되기도 하고, 캘리포니아나 칠레의 자두 향 가득한 친숙한 와인이 되기도 한다.

메를로Merlot는 산미와 타닌이 적당하며 색깔이 깊은 레드와인이다. 알코올 도수는 카베르네 소비뇽보다 대체로 높다. 아시아의 과일로 비슷한 향미는 감을 꼽을 수 있다. 밝은 적황색의 단단한 감이나 진하고 잘 익은 홍시의 향이라고 생각하면 된다. 전통적으로는 자두와 블랙베리, 초콜릿, 크리스마스 스파이스(생강, 계피, 박하, 육두구 등)로 표현한다. 해가 지나면 메를로에서도 가죽이나 말린 버섯 향을 느낄 수 있다. 보르도 좌안처럼 카베르네 소비뇽이나 카베르네 프랑과 블렌딩하기도 하고, 단일 품종으로도 만든다.

메를로는 종종 카베르네 소비뇽의 빛에 가린 그림자처럼 보이기도 한다. 그러나 일반적인 인식과는 달리 메를로는 보르도에서 가장 널리 재배하는 품종이다. 보르도 우안의 포므롤 메를로는 세계적인 명품 레드 품종으로 꼽힌다. 고급품은 과일향이 층층이 나타나며 타닌의 질감이 비단처럼 부드럽고 장기 보관이 가능하다.

포므롤Pomerol은 고품질 와인이 생산되는 프랑스의 아주 작은 아펠라시옹이다. 포므롤이라는 이름만으로도 곧 메를로 위주의 최고급 레드 생산지라는 의미를 담고 있다. 페트뤼스Pétrus나 르 팽Le Pin, 라플뢰르Lafleur 등의 최고급 와인에 대한 수요가 증가하면서 천문학적인 가격이 형성되었으며, 포므롤은 뛰어난 메를로 와인을 생산하는 프리미엄 지역으로 자리잡았다.

메를로는 포므롤보다 훨씬 넓은 이웃 생테밀리용Saint-Émilion 지역의 주 품종이며, 보르도 좌안의 메독Médoc과 그라브Graves에서는 중요한 블렌딩 품종이다. 메를로는 카베르네 소비뇽의 거친 타닌을 부드럽게 해주며, 검고 깊은 과일향에 감과 자두 향을 더하여 순한 느낌을 준다. 높은 알코올과 글리세

메를로의 구조

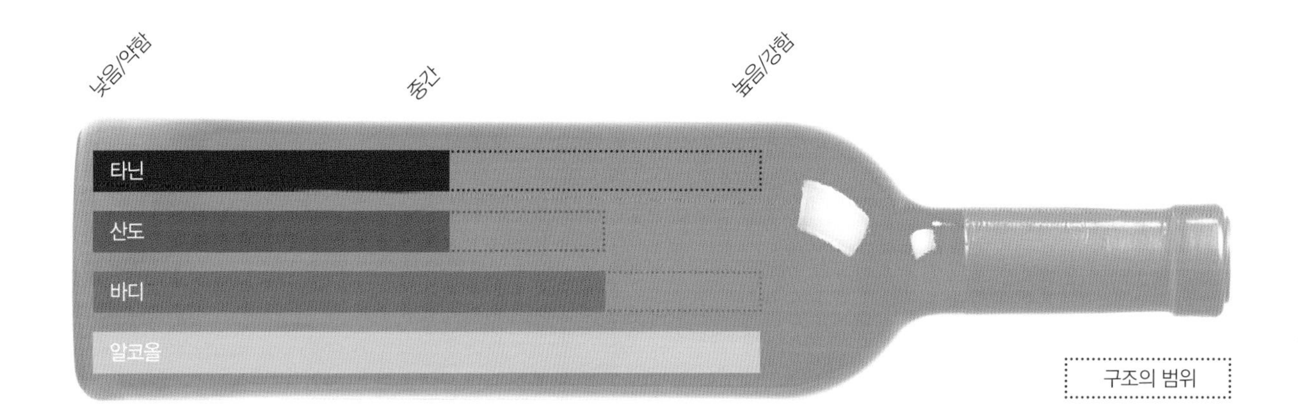

롤 함량은 와인에 풍만한 질감을 주고 미감을 부드럽게 만든다. 카베르네 소비뇽 또는 카베르네 프랑과 블렌딩하면 더 부담없는 스타일이 된다.

프랑스 외 이탈리아와 미국, 칠레에서 100퍼센트 메를로로 중후한 와인을 만든다. 세계 각 지역에서도 대부분의 고급 레드와인에 블렌딩 용으로 사용한다. 남 프랑스와 북동 유럽, 뉴질랜드, 호주에서도 널리 재배하고 있다.

이탈리아에서는 종종 산조베제Sangiovese와 메를로를 블렌딩하지만 단일 품종 메를로도 생산한다(예: 테누타 델 오르넬라이아 마세토Tenuta dell'Ornellaia Masseto, 페트로로 갈라트로나Petrolo Galatrona). 이탈리아 메를로는 이탈리아 와인 특유의 먼지dusty 냄새가 나는 피니시와 흙내를 풍기며 체리 향이 있다. 신세계에서는 메를로로 믿을 만한 단일 품종 와인도 만든다. 감미롭고 향이 가득한 바로 마실 수 있는 와인이 된다. 칠레에서는 가격에 비해 품질이 좋은 레드로 중요한 수출 품종 와인이다.

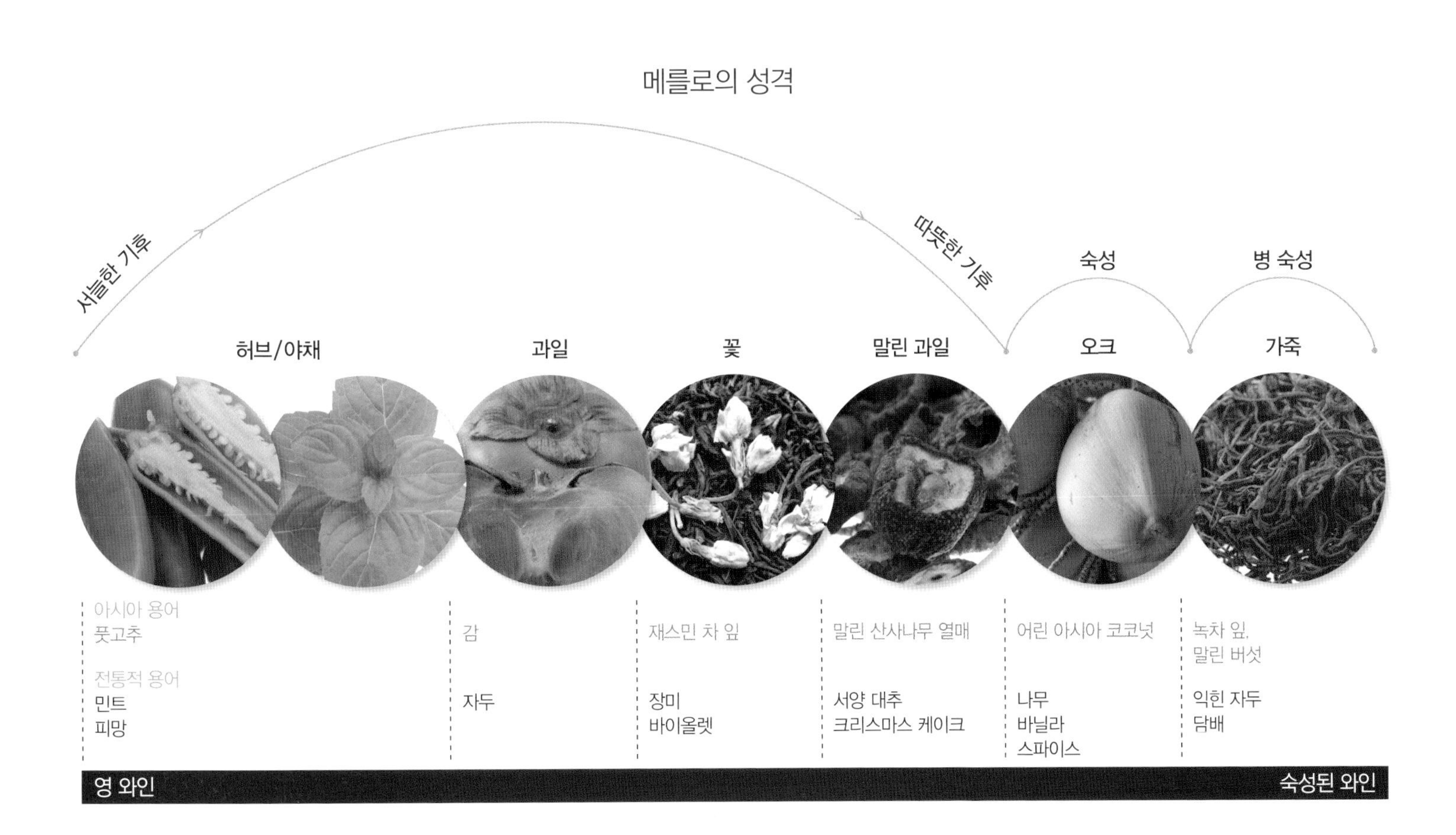

1
2
3
4
5
7
6
8
9
10

메를로의 지역적 특색

프랑스: 포므롤, 생테밀리용

메를로는 포므롤Pomerol과 생테밀리용Saint-Émilion 지역의 석회석과 진흙 토양에서 진가를 발휘한다. 1998년처럼 서늘했던 해에도 카베르네 소비뇽은 페놀이 잘 익지 못했던 반면 메를로는 완숙이 가능했다. 따라서 보르도와 같은 해양성 기후에서는 쉽게 익고 믿을 수 있는 중요한 품종으로 그 가치를 인정받는다. 남서 프랑스에서도 카베르네 소비뇽보다 더 넓은 지역에서 재배되고 있다. 보르도에서는 바로 마시는 일상 와인을 만드는 주 품종이다.

메를로는 포므롤 지역의 주요 품종이며 종종 카베르네 프랑Cabernet Flanc과 블렌딩한다. 풀 바디의 너그러운 와인으로 단감이나 단 스파이스, 삼나무 향이 난다. 일반적으로 새 오크통에 숙성시키며 오크향이 잘 스며들면 어린 아시아 코코넛 향미가 더해진다. 포도가 완숙된 해는 프루트 케이크 향미에 재스민 차 잎 향을 느낄 수 있다.

생테밀리용의 메를로는 주로 카베르네 소비뇽이나 카베르네 프랑과 블렌딩한다. 생테밀리용의 최고 등급인 그랑 크뤼 클라세Grand Cru Classé는 주로 카베르네 프랑과 메를로를 블렌딩하여 만든다. 카베르네 프랑의 연필심이나 나무 향이 메를로의 원만한 자두 향에 더해져 독특한 향미를 갖게 된다.

보르도에서 중요한 다섯 가지 품종은 카베르네 소비뇽과 메를로, 카베르네 프랑, 쁘띠 베르도, 말벡이다. 까르메네르도 소량 재배한다. 보르도 블렌딩 와인 대부분은 어떤 등급이라도 앞의 세 품종을 섞어 만든다. 쁘띠 베르도는 아주 따뜻한 해에만 잘 익기 때문에 많이 재배하지 않으며, 이를 섞으면 풀 바디의 타닉한 와인이 된다. 말벡도 부르그Bourg와 블라이Blaye 지역을 제외하면 거의 블렌딩에 사용하지 않아 주목을 받지 못하고 있다.

프랑스: 포므롤, 생테밀리용

품질이 좋은 메를로는 깊이와 복합성이 있으며 수명이 길다. 이 지역의 전형적인 메를로는 세계 각 지역에서 만드는 메를로의 본보기가 된다.

프랑스: 그 외 지역

메를로는 남서 프랑스와 남 프랑스 전역에서 갖가지 등급과 스타일의 와인을 만든다. 메를로는 껍질이 얇고 부패하기 쉽지만, 향이 잘 나타나며 성장이 빠르기 때문에 카베르네 소비뇽보다 인기가 높다. 특히 랑그독Languedoc지역에서 뱅 드 페이Vins de Pays 용으로 널리 재배한다. 단순한 자두 향과 너그러운 시골 풍 타닌을 지녀 단일 품종의 와인으로 만들거나, 또는 주로 카베르네 소비뇽과 블렌딩한다.

프랑스: 그 외 지역

메를로는 남서 프랑스 지역에서 선호하는 품종이다. 일상적인 풀 바디 와인을 만드는 뱅 드 페이 생산자들에게도 인기가 있다.

왼쪽 페이지: 메를로 향에 대한 묘사

1. 말린 산사나무 열매 2. 자두 3. 말린 버섯 4. 재스민 차 잎 5. 홍시 6. 녹차 잎 7. 검은 베리류 8. 말린 대추 9. 풋고추 10. 장미

미국: 캘리포니아, 워싱턴 주

미국의 고품질 메를로는 색깔이 깊고 자두와 홍시 향미가 넉넉하다. 풀 바디 와인으로 타닌은 거슬리지 않는다.

미국: 캘리포니아, 워싱턴 주

고급 메를로는 캘리포니아의 센트럴 코스트부터 북쪽 워싱턴 주에 이르는 태평양 연안에서 골고루 생산하고 있다. 캘리포니아의 도미너스Dominus, 스크리밍 이글Screaming Eagle, 할란 에스테이트Harlan Estate 등 명품 메리티지 와인은 거의 메를로와 블렌딩한 와인이다. 덕혼Duckhorn, 팔메이어Pahlmeyer 등은 단일 품종 메를로로 유명하다. 나파와 소노마 와인은 매끄러운 질감의 타닌과 자두 향이 가득한 메를로의 특징을 잘 나타낸다. 따뜻한 지역에서는 부드럽고 잘 익은 홍시의 향미가, 해안가 서늘한 지역과 고도가 높은 지역에서는 단단한 단감 향미가 난다. 메를로는 워싱턴 주 레드 품종의 주축으로도 꼽히며, 스타일은 나파와 소노마와 비슷하다. 질감이 풍부하며 자두와 말린 대추 향이 응집되어 있다.

남 아메리카: 칠레

고급 메를로는 자두와 삼나무 향으로 보르도의 우아함을 갖추고 있다. 잘 익은 과일향과 민트와 허브 향이 나는 활달한 스타일이다.

남아메리카: 칠레

호주 쉬라즈가 인기 품종으로 부상한 것처럼 칠레 메를로도 최근 세계적으로 인정받는 와인으로 격상되고 있다. 그러나 1990년 대에 메를로로 알려진 칠레 와인 품종 중 다수가 실은 보르도 고대 품종인 까르메네르Carmenère로 밝혀졌다. 두 품종의 차이점은 메를로는 홍시와 자두 향이 돋보이는 반면 까르메네르는 풀 향과 타닌이 더 강하다. 두 품종이 포도밭에서 나란히 재배되면서 어떤 칠레 메를로는 민트와 허브 향을 나타내기도 한다. 지금은 두 품종을 애써 구분하여 따로 재배하여 와인을 만들고, 라벨에도 품종을 분명히 표기한다.

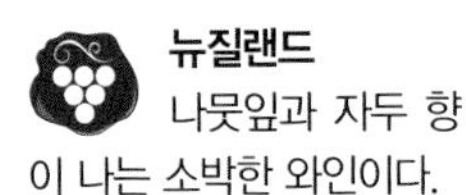

뉴질랜드

나뭇잎과 자두 향이 나는 소박한 와인이다.

뉴질랜드

뉴질랜드 메를로는 대부분 북 섬의 일부 따뜻한 지역인 오크랜드Auckland와 혹스 베이Hawkes Bay에서 재배하고 있다. 카베르네 소비뇽보다 빨리 익기 때문에, 뉴질랜드의 서늘한 기후에서는 믿을 수 있는 품종으로 풀 바디 레드와인 생산자들이 선호한다.

혹스 베이 메를로는 미디엄에서 풀 바디이며 타닌은 온건하다. 대추 향이 나며 산미는 단단하다. 완숙하지 않은 메를로에서는 풋고추 향을 느낄 수 있다. 다른 따뜻한 신세계 지역의 와인보다는 군살이 없으며 풍만하지도 않다. 오크랜드 근처의 와이히키Waiheke 섬과 마타카나Matakana지역은 뛰어난 보르도식 블렌딩 와인과 메를로 단일 품종 와인을 생산한다.

오클랜드 북쪽의 작은 시골 마을인 마타카나는 뉴질랜드의 명품 레드와인 프로비던스Providence와 앤티포디언Antipodean의 고향이다. 뛰어난 품질의 와인 생산을 추구하는 제임스와 피터 불레틱James & Peter Vuletic 형제가 각각 소유한 와이너리에서 따로 만드는 와인으로 출시 가격이 병당 100달러를 넘는다.

메를로의 지역적 표현

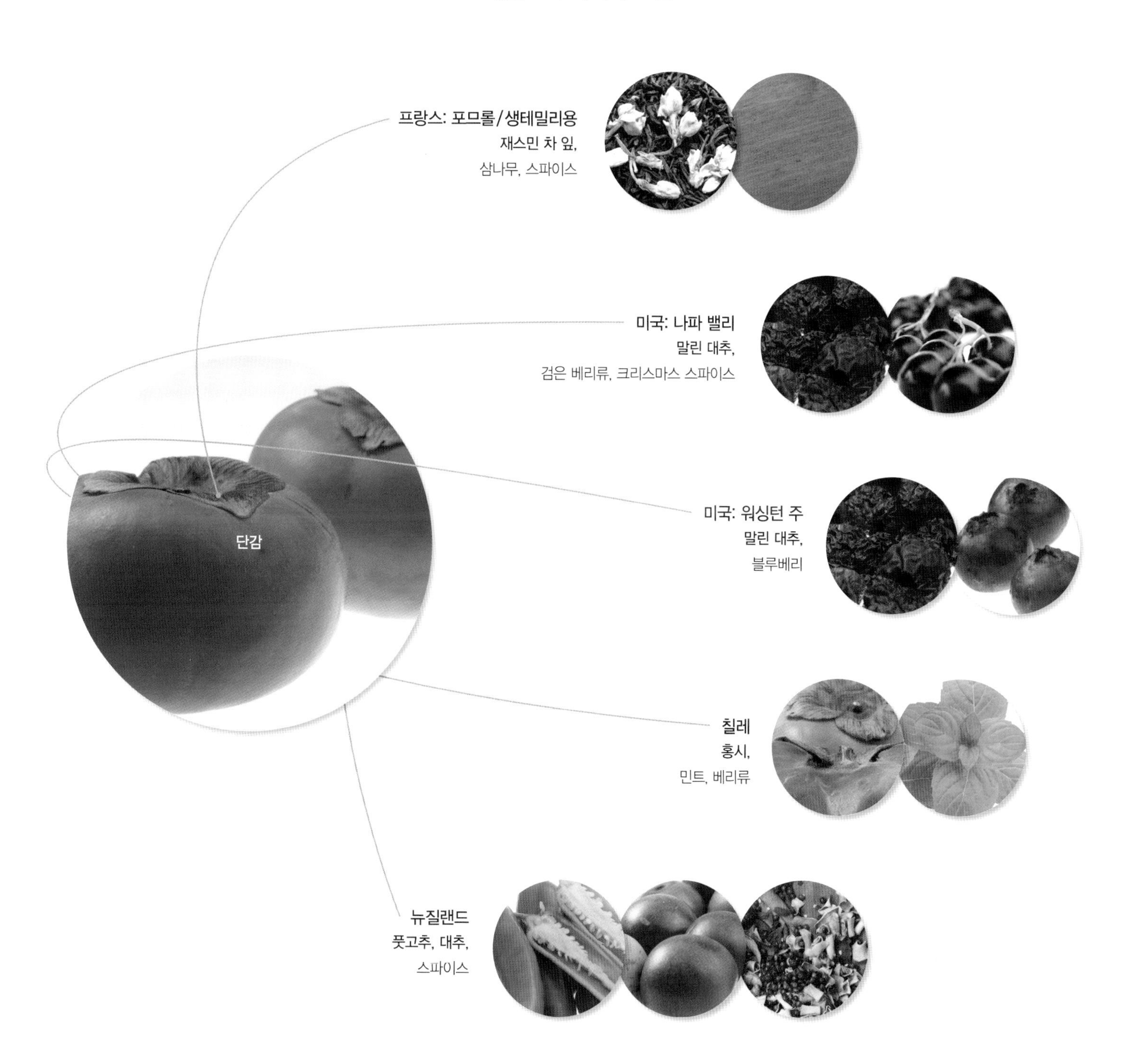
프랑스: 포므롤/생테밀리용
재스민 차 잎,
삼나무, 스파이스
미국: 나파 밸리
말린 대추,
검은 베리류, 크리스마스 스파이스
미국: 워싱턴 주
말린 대추,
블루베리
칠레
홍시,
민트, 베리류
뉴질랜드
풋고추, 대추,
스파이스
단감

피노 누아

특성
피노 누아는 가장 우아하고 여성스러운 레드 품종이다. 색깔이 옅으며 매혹적인 딸기와 양메이 향, 섬세한 스파이스 향이 난다. 미디엄 바디이며 타닌은 매끄럽다.

피노 누아Pinot Noir의 본고향은 부르고뉴 꼬뜨 도르Côte d'Or이다. 북쪽의 꼬뜨 드 누이Côte de Nuits지역은 그랑 크뤼Grand Cru를 만드는 포도 밭이 모여 있다. 다른 고전적 주요 품종들은 태생지를 떠나 다른 지역에서도 성공적으로 적응하지만, 피노 누아는 세계 어느 곳에서도 부르고뉴의 개성적 표현을 나타내지 못하고 있다. "벨벳 장갑 속에 감춘 무쇠 주먹iron fist cloaked in a velvet glove"이라고 표현하듯, 매끄러운 질감의 단단한 타닌이 신선한 산미와 함께 양메이와 라스베리, 구기자, 스파이스, 흙내 등 층층이 쌓인 향을 감싸고 있다. 한 모금 머금으면 과일향이 공작새 꼬리처럼 차례로 입안에서 펼쳐진다. 최고품은 복합적인 과일향과 미네랄 향이 긴 여운을 남긴다.

부르고뉴 레드와인이라면 가장 먼저 순수한 피노 누아가 떠오른다. 품질은 다양하다. 단순한 지역 와인은 약한 양메이 또는 체리 향, 야채, 흙내가 난다. 프르미에 크뤼Premier Cru와 그랑 크뤼 밭의 최고 와인은 우아하고 매혹적이며 복합적인 잊을 수 없는 향미를 풍긴다. 단단한 구조(산과 타닌)가 골격을 이루고 무수한 향들이 와인 잔에서도 변하며, 세월이 흐르며 진화해간다. 어릴 때는 붉은 베리류와 스파이스, 사냥 고기와 꽃 향이 느껴지며, 해가 가면 말린 버섯과 가다랭이 향미가 와인에 미묘한 향을 더한다.

껍질이 얇은 피노 누아는 예민한 품종으로 잘 알려져 있다. 피노 누아는 포도 알이 가까스로 익을 수 있을 정도의 서늘한 기후에서 오래 성숙해야 한다. 너무 따뜻하면 향미가 섬세함을 잃으며 산미가 약해진다. 너무 서늘하면 과일향보다 야채나 풀 향이 더 나타나게 된다.

늘 공급보다 수요가 많은 피노 누아는 적응에 어려움이 있지만 유럽과 신세계 지역에서 광범위하게

피노 누아의 구조

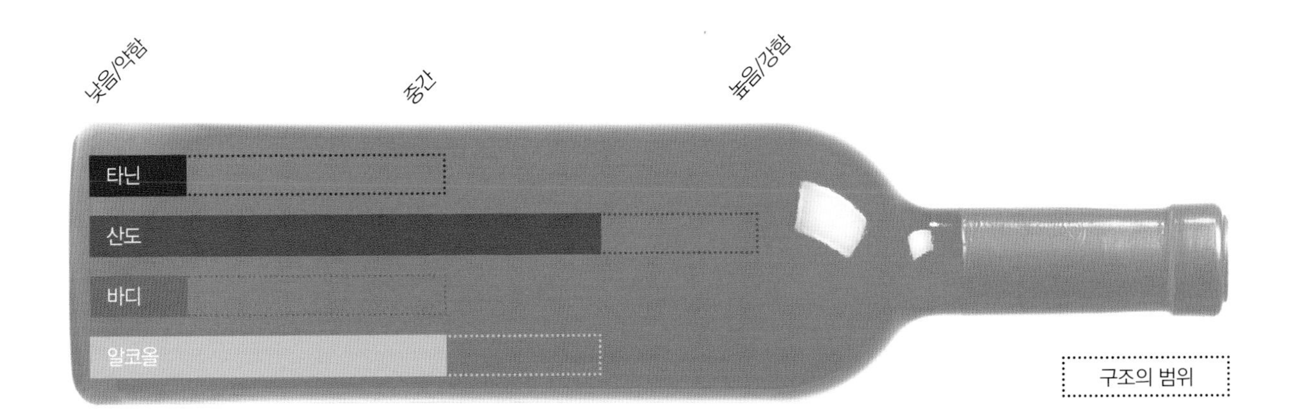

재배를 시도하고 있다. 대체로 서늘한 지역에서 좋은 품질의 피노가 생산되며 뉴질랜드와 캘리포니아, 호주 해변이 성공적인 재배지로 평판이 났다.

신세계의 피노 누아는 사냥 고기와 흙내가 나며, 야채 향보다는 과일향이 지배적이다. 좋은 와인은 라스베리와 양메이, 딸기 등 달콤한 붉은 베리 향이 나고 산미가 단단하다. 피노 누아는 오크통과도 잘 맞아 스파이스나 토스트 향을 더하기도 한다. 가끔 오크통의 강한 아로마가 과일향을 짓누를 수도 있다.

피노 누아를 새로 심는 지역도 늘어나고 있다. 비교적 성공한 지역으로는 센트럴 오타고Central Otago(뉴질랜드), 마틴보로Martinborough(뉴질랜드), 모닝톤 페닌슐라Mornington Peninsula(호주), 러시안 리버 밸리Russian River Valley(미국), 센트럴 코스트 캘리포니아Central Coast California(미국) 등으로 피노 누아의 여성적 섬세함을 잘 표현한다.

피노 누아의 성격

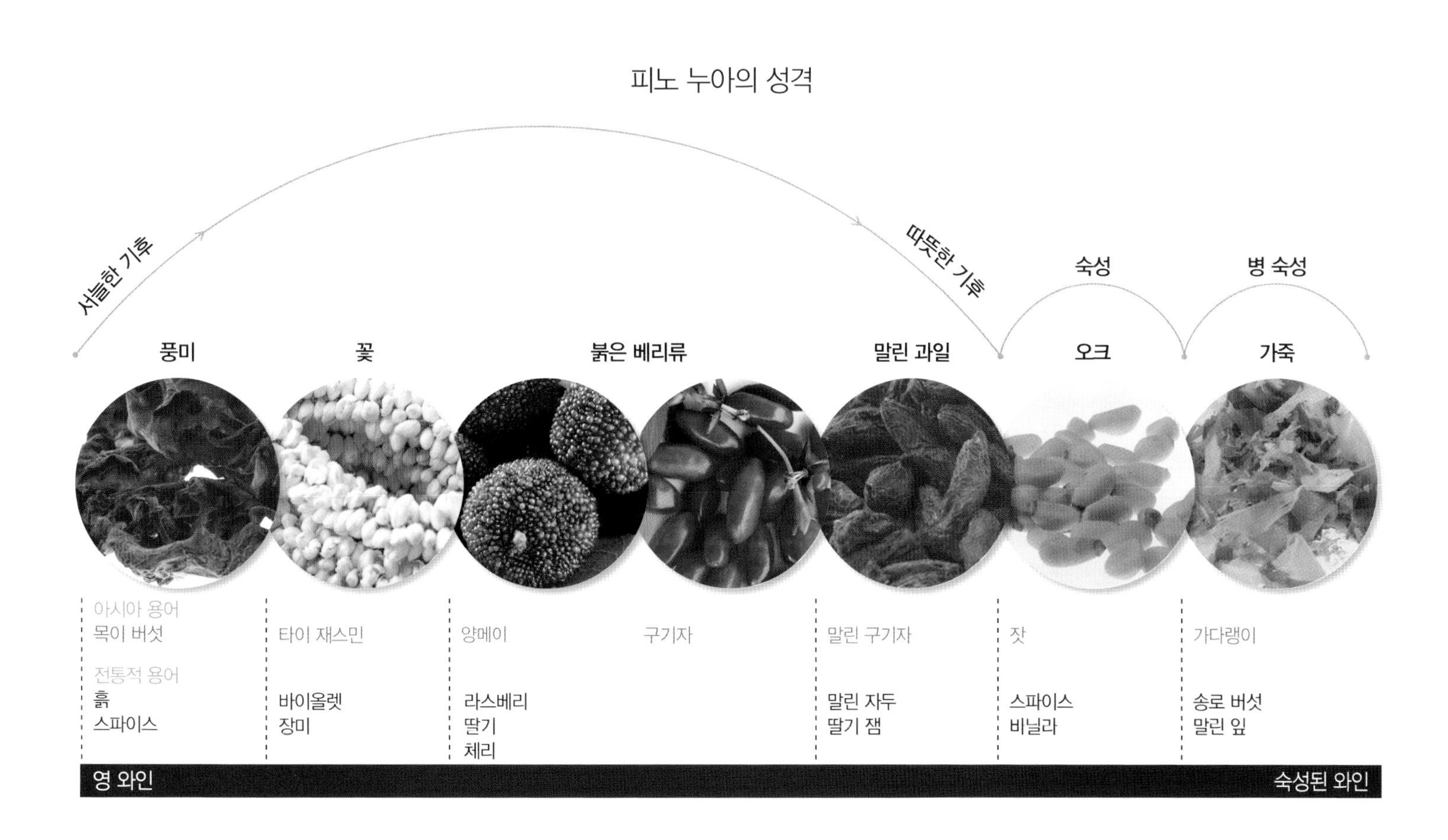

피노 누아의 지역적 특색

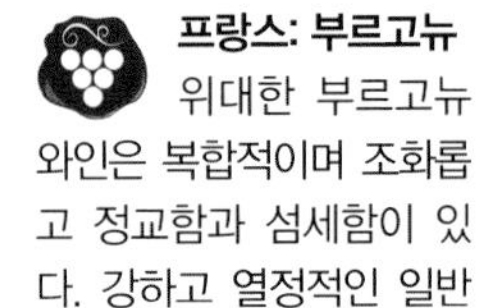

프랑스: 부르고뉴
위대한 부르고뉴 와인은 복합적이며 조화롭고 정교함과 섬세함이 있다. 강하고 열정적인 일반적인 풀 바디 레드와인과는 매우 다르다.

프랑스: 부르고뉴

빌라주급의 훌륭한 부르고뉴 레드는 색깔이 옅고 상당히 절제된 향미를 지닌다. 섬세한 붉은 베리류 향을 풍기며 산미는 단단하며 타닌은 온건하다. 피노 누아는 오크와 잘 맞지만 일상 부르고뉴 레드는 대부분 새 오크통의 향을 거의 느낄 수 없다. 최고품은 붉은 베리류와 꽃, 스파이스 등의 매혹적 향미와 복합적인 아로마에 아찔해질 정도이다. 미감은 섬세하고 지속성이 있으며 일련의 과일향과 중국 5향(스타 아니스, 정향, 계피, 후추, 회향씨)이 오래 머문다.

황금의 언덕이라는 꼬뜨 도르Côte d'Or는 두 지역으로 나뉜다. 북쪽의 꼬뜨 드 누이Côte de Nuits와 남쪽의 꼬뜨 드 본Côte de Beaune이다. 석회석과 이회토 토양의 꼬뜨 드 누이에서 최고의 피노 누아가 생산된다. 섬세한 과일향과 스파이스 향이 응축되어 층층이 쌓이고, 타닌은 상당히 강하지만 매끄럽다. 와인 스타일은 같은 지역이라도 생산자의 기술에 따라 매우 다양하다.

꼬뜨 드 누이의 주요 마을들은 제각기 분명한 개성이 있는 와인을 만든다. 즈브레 샹베르탱Gevrey-Chambertin은 색깔이 깊고 풍부한 풀 바디 와인이다. 복합적인 향으로 동물 향도 느낄 수 있는 남성적인 스타일로 기운다. 본 로마네Vosne Romanée는 비단 같은 질감의 풀 바디 와인으로, 우아함과 농축미를 자랑하는 전형적인 스타일이다. 샹볼 뮈지니Chambolle-Musigny는 여성스러우며 과일향은 훨씬 더 가볍고 섬세하다. 고급품의 수명은 남성적인 이웃에 뒤지지 않는다. 뉘 생조르주Nuits-Saint-Georges는 꾸밈이 없는 풀 바디 와인으로 가격에 비해 믿음직하다. 클로 드 부조Clos de Vougeot는 부르고뉴 그랑 크뤼 밭 중 면적이 가장 넓어 품질이 고르지 않다. 50헥타르 정도의 포도밭을 80여 명이 포도나무 몇 고랑씩을 소유하고 있으며 각기 추구하는 야망도 다르다. 어떤 생산자는 지역 명성에 걸맞는 품질의 와인을 생산하고, 일부는 기대에 못 미치는 평범한 와인을 내놓기도 한다.

석회석이 더 많은 꼬뜨 드 본 지역에서는 피노 누아와 샤르도네가 서로 자리다툼을 한다. 중요한 마을인 알록스 코르통Aloxe-Corton의 피노는, 색깔이 상당히 깊고 타닌이 강하며 검은 베리류 향을 띄는 풀 바디 와인이다. 포마르Pommard도 풀 바디 스타일이다. 최고 품질의 와인은 사랑스런 베리 향들이 농축되고 타닉한 여운이 남는다. 볼네Volnay는 꼬뜨 드 본 레드 중 가장 바디가 가볍다. 우아한 레드와인이며, 섬세하고 아름다운 앵메이 향과 스파이스 향이 있다. 꼬뜨 드 본 빌라주Côtes de Beaune Villages는 본Beaune 지역의 여러 마을 포도를 블렌딩하여 만든다. 믿을 만하고 가격에 비해 품질이 좋은 와인도 꽤 있다.

오른쪽 페이지: 피노 누아 향에 대한 묘사

1. 중국 허브 2. 목이 버섯 3. 가다랭이 4. 붉은 열매 5. 앵메이 6. 정향 7. 말린 구기자 8. 구기자 9. 계피 10. 재스민 차 잎 11. 스타 아니스

1
2
3
5
4
7
6
8
9
10
11

뉴질랜드
붉은 베리류 아로마의 과일향이 집중되고 산미가 예리한 스타일이다.

뉴질랜드

뉴질랜드 피노 누아는 밝은 과일향을 지닌 와인으로, 풀에서 바로 튀어 나온 것같은 생기 있는 아로마를 자랑한다. 구기자와 양메이에서 잘 익은 체리 향까지 붉은 베리류 향이 주를 이룬다. 파삭하고 신선한 산미는 활달한 과일향의 버팀목이 되며 비교적 높은 알코올 도수와도 조화를 이룬다. 말보로Marlborough와 마틴보로Martinborough의 피노 누아는 가벼운 루비색이며 센트럴 오타고Central Otago는 깊은 루비 또는 심홍색으로 대부분 미디엄 바디이다. 타닌은 중간에서 강한 편이며 프랑스 오크통에 숙성하면 스모키한 향도 난다.

남섬 센트럴 오타고와 말보로, 북섬 마틴보로에서 좋은 품질을 생산하며 지역마다 특색이 있다. 센트럴 오타고는 색깔이 깊고 타닉하며 흙내와 스파이스 향이 나며 풍미가 있다. 신세계에서는 부르고뉴와 가장 비슷한 스타일이라고 한다. 마틴보로는 우아하고 섬세하며 풍미와 스파이스 향도 있지만, 센트럴 오타고보다는 더 너그러운 스타일이다. 말보로는 단순하지만 즙이 많은 붉은 과일향이 가득하다.

미국
강렬하며 잘 익은 달콤한 딸기 향과 바닐라 향이 난다. 풍만한 질감과 높은 알코올이 캘리포니아 피노 누아의 특징이다.

미국

영화 〈사이드 웨이Sideways(2004)〉가 나오기 전에도 피노 누아를 신봉하는 미국인들은 많았다. 로키올리Rochioli나 키슬러Kistler, 마카샌Marcassin 등 최고 생산자의 피노 누아를 사려면 지금도 차례가 올 때까지 오래 기다려야 한다. 캘리포니아에서 피노 누아를 재배하기 좋은 곳은 서늘한 해변 지역 또는 중 기후 대의 고도가 높은 지역으로 카네로스Carneros나 러시안 리버 밸리Russian River Valley, 샌 베니토San Benito, 샌 루이 오비스포San Luis Obispo, 산타 바바라Santa Barbara를 꼽는다. 새 오크통을 넉넉히 사용하여 볶은 잣 향이 나며 단 향, 말린 구기자 향, 중국 5향이 뚜렷하게 나타난다. 무르익은 향미로 타닌은 부드럽고 알코올 도수는 높다. 최고품은 풍부하고 복합적이지만 부르고뉴의 복합성과 미네랄 향은 찾기 어렵다.

몬트레이 카운티가 피노 누아의 명산지로 와인 지도에 오르게 된 것은 샬론Chalone과 칼레라Calera 두 주요 와이너리의 명성 때문이다. 샬론 아펠라시옹은 석회석 토양을 찾아 헤매던 부르고뉴 와인의 광신도인 커티스 탬Curtis Tamm이 샌프란시스코 만 남쪽, 북부 센트럴 코스트의 몬트레이Monterey 카운티의 샬론 산자락에서 발견한 땅이다. 칼레라는 테루아 신봉자이며 지적인 조쉬 잰슨Josh Jensen이 같은 몬트레이 카운티 헐렌Harlan 산 자락에 피노 누아를 심으며 설립했다.

피노 누아의 지역적 표현

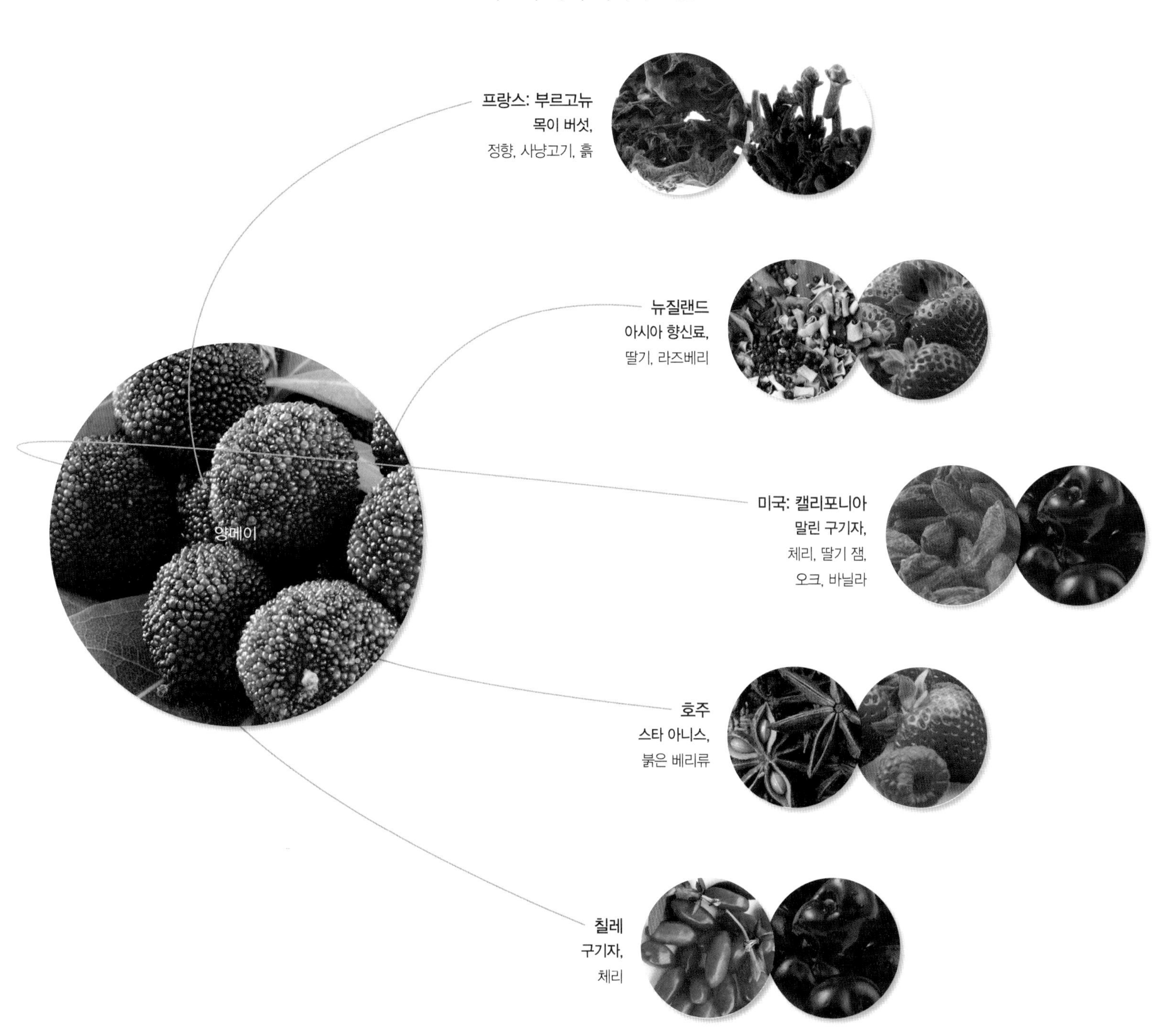
프랑스: 부르고뉴
목이 버섯,
정향, 사냥고기, 흙
뉴질랜드
아시아 향신료,
딸기, 라즈베리
양메이
미국: 캘리포니아
말린 구기자,
체리, 딸기 잼,
오크, 바닐라
호주
스타 아니스,
붉은 베리류
칠레
구기자,
체리

호주
다양한 피누 누아를 생산한다. 최고 품질은 우아하며 딸기와 양메이 향이 난다.

호주

호주 빅토리아Victoria와 테즈메이니아Tasmania의 서늘한 지역에서는 놀랄 만큼 우아한 피노 누아가 생산된다. 일반적으로 캘리포니아나 뉴질랜드산보다는 더 절제된 스타일이다. 뉴질랜드산에 비해 생동감은 덜 하며, 좋은 캘리포니아산보다는 풍부함과 과일향이 떨어진다. 서늘한 지역의 특성이 있으며 미디엄 바디이다. 향미의 범위는 신선한 구기자 향과 중국 5향, 더 잘 익고 깊은 색깔의 말린 구기자 향 등 다양하다. 빅토리아 해안에는 지롱Geelong의 배녹번Bannockburn, 모닝톤 페닌슐라Mornington Peninsula의 쿠영Kooyong, 깁스랜드Gippsland의 배스 필립Bass Philip 등 우아한 부르고뉴 스타일을 지향하는 생산자들이 곳곳에 자리잡고 있다. 호주의 남동 해안에 가까운 작은 섬 테즈메이니아에서는 최근 와인 산업이 역동적으로 발전하고 있다. 200여 명의 생산자들이 대다수가 우아한 피노 누아를 만들려는 열망을 갖고 일하고 있다.

칠레
좋은 피노 누아는 드물지만 체리와 양메이 향의 라이트 바디 와인을 적당한 가격에 즐길 수 있다. 앞으로 가능성을 지닌 곳이다.

칠레

와인의 품질은 점차 나아지고 있지만 대부분은 가볍고 단순한 과일향을 지닌 와인으로 때로는 피니시가 쓰기도 하다. 단순한 체리 향의 소박한 와인이 많으며 과숙하면 잼같은 향미로 변하기 쉽다. 산안토니오San Antonio와 카사블랑카Casablanca 등 서늘한 북쪽 지역의 피노 누아는 앞으로 기대해 볼만하다.

그르나슈

특성
밝은 색깔이며 붉은 과일향이 주도적이다. 달콤하고 스파이스 향이 있으며 영 와인으로 바로 마시기 좋다.

그르나슈Grenache는 일반적으로 색깔이 옅으며 시간이 지날수록 붉은 색이 빠르게 사라지고 바랜다. 따뜻하고 친근한 와인으로 부드러우며 알코올은 넉넉하다. 부케는 달콤하고 잼 같은 붉은 베리류, 신선한 구기자 향으로 단순하며 타닌과 산도는 낮다. 좋은 품질의 그르나슈는 스타 아니스나 말린 구기자, 중국 5향과 같은 매력적인 향을 나타낸다. 그르나슈의 스파이스 향은 달콤한 편이며, 이에 비해 시라는 더 진하고 풍미 있는 정향이나 검은 후추 향이다.

스페인과 남 프랑스의 넓은 지역을 차지하고 있는 그르나슈는 세계적으로도 가장 널리 재배되는 품종이다. 지중해성 품종으로 더운 기후에 잘 적응하며 햇볕 속에서 무성하게 잘 자란다. 줄기가 강하고 더운 기후에 잘 견디는 성격으로, 중부 스페인과 남부 프랑스의 건조한 평원에서도 시렁 없이 잘 자란다. 피노 누아로 착각하기 쉬운 색깔이지만, 그르나슈는 알코올 함량이 더 높고 산도는 낮다.

스페인에서 가장 많이 재배하며, 토착 품종인 템프라니요Tempranillo와 종종 블렌딩한다. 그르나슈는 템프라니요의 양메이 향에 스파이스 향을 더하며 바디를 풍부하게 해준다. 프리오라트Priorat 지역에서는 그르나슈가 주품종이다. 수령이 오래된 고목에서, 타닌이 단단하며 말린 구기자와 감초 향이 나는 진한 색깔의 풍부한 와인을 얻는다.

남 프랑스에도 널리 재배되며 AOC 와인 또는 뱅 드 페이Vin de Pays를 만든다. 특히 남부 론에서 농축되고 뛰어난 품질의 그르나슈를 찾을 수 있다. 꼬뜨 뒤 론Côtes du Rhône의 일상 와인에서부터 꼬뜨 뒤 론 빌라주나 지공다스Gigondas, 바케라스Vacqueyras와 같이 명성 있는 와인 등 다양한 품질이 있다. 샤또네프 뒤 파프Châteauneuf-du-Pape는 남부 론에서 가장 유명하며, 조밀하며 농축되고 강한 그르나슈

그르나슈의 구조

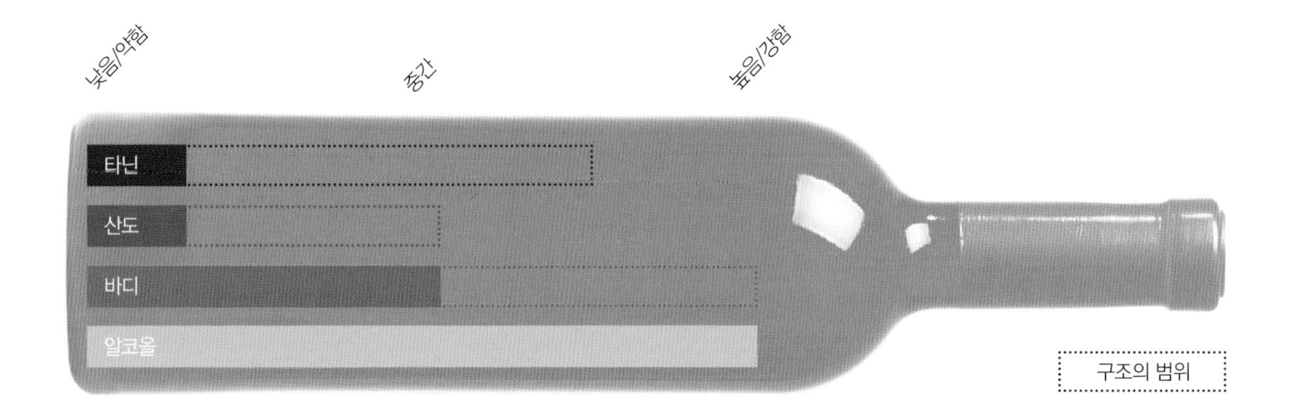

기본 와인을 생산한다. 라야Rayas나 보카스텔Beaucastel, 비유 텔레그라프Vieux Télégraphe, 빼고Pegau 등의 생산자들은 그르나슈 기본 와인의 결점인 짧은 수명을 연장하는데 공을 들이고 있다. 그르나슈를 기본으로 하는 고급 로제도 이 지역에서 생산되며 타벨Tavel의 로제가 최고의 평판을 누리고 있다.

그르나슈는 신세계에서도 대부분 블렌딩 와인을 만드는데 사용하지만 단일 품종 와인도 가끔 찾을 수 있다. 캘리포니아의 '론 레인저Rhône Ranger'들은 남부 론 스타일 와인의 블렌딩에 그르나슈를 사용한다. 남 호주에서도 그르나슈는 쉬라즈, 무르베드르와 블렌딩하는 품종으로 인기가 있다. 그르나슈는 스파이시하며 검은 과일향의 쉬라즈와 타닌이 강한 무르베드르를 가볍게 해주며 달콤한 붉은 베리류 향을 더해 준다. 그르나슈 단일 품종 와인은 주로 바로 마시는 일상 와인이다. 색깔이 빨리 변하고 향이 사라지는 산화적 성격으로 인해 장기 보관이 가능한 무게 있는 와인과 경쟁하기에는 부족하다.

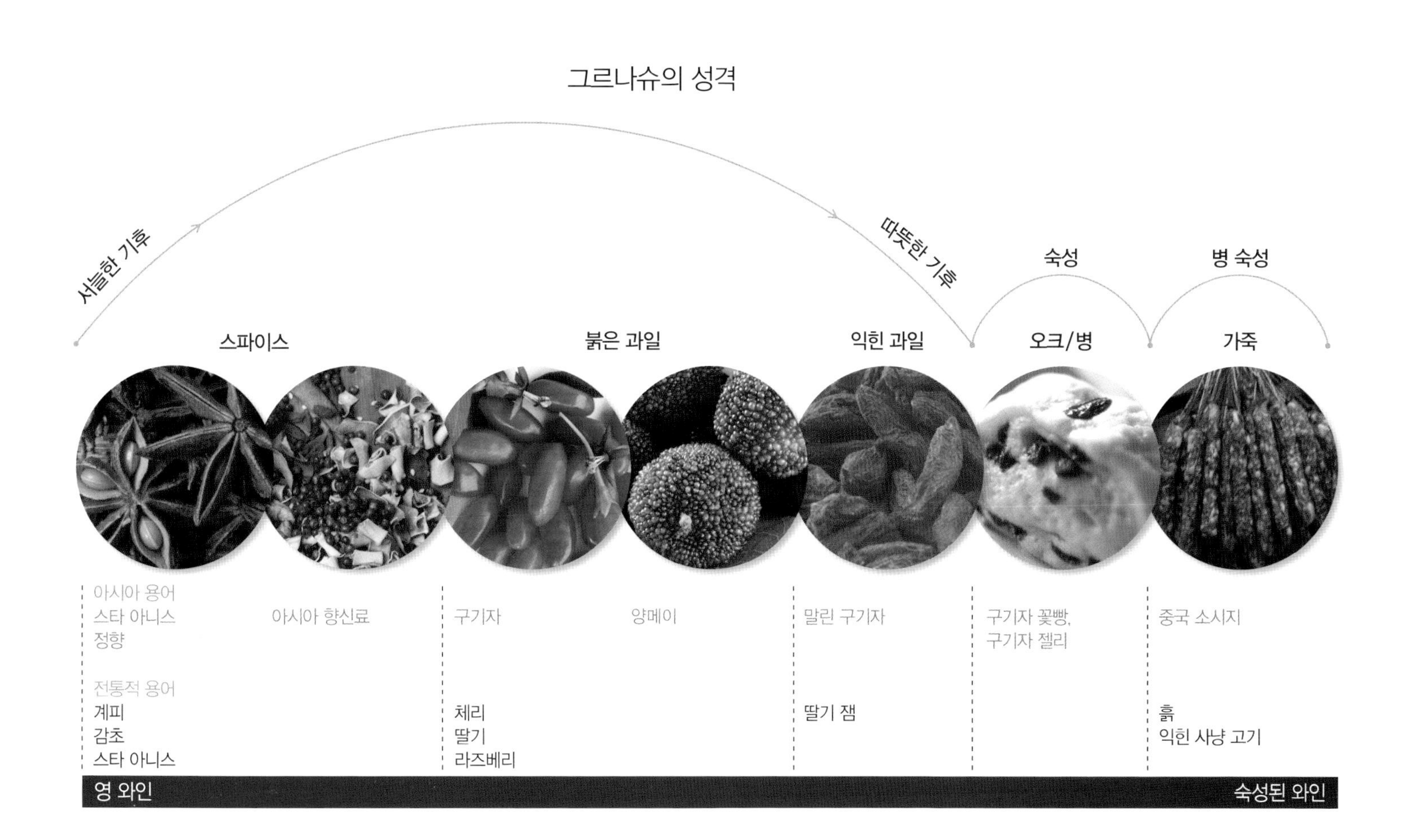

1
2
3
4
5
6
7
8
9
10

그르나슈의 지역적 특색

프랑스: 남부 론

그르나슈 블렌딩 와인으로는 자갈밭이 아름답게 펼쳐져 있는 샤또네프 뒤 파프의 와인이 가장 유명하다. 13가지 품종이 블렌딩되지만 그르나슈는 바디를 풍부하게 만들고 스파이시한 과일향 성격과 아로마를 더하는 품종으로 매우 중요하다. 자갈로 덮혀 있는 포도밭의 낮은 덤불 수형 포도나무들은 혼신의 힘을 다해 열매를 맺는다. 자갈은 낮의 열기를 흡수하며, 특히 서늘한 북향 포도밭은 찬 밤공기의 영향을 덜 받게 된다. 남부 론의 바케라스와 지공다스 와인은 소박하며 농축미가 덜하다.

론 와인의 80퍼센트 이상이 꼬뜨 뒤 론Côtes du Rhône AC에서 생산하는 단순한 와인이다. 그르나슈는 단순한 일상 와인에 스파이시한 구기자 향을 더하고, 다른 블렌딩 품종들의 강한 타닌을 부드럽게 한다. 탄산가스 침용을 하고 오크 숙성도 하지 않아 즙 많은 과일향과 중국 5향, 육두구nutmeg 향 등이 그대로 나타난다.

프랑스: 남부 론
그르나슈는 블렌딩에 유용한 품종으로 남부 론과 남 프랑스의 블렌딩 와인을 만들 때 매우 중요하다.

스페인

스페인에서는 그르나슈를 가르나차Garnacha라고 부른다. 기후가 다양한 이베리아 반도의 각 지역에서 잘 자란다. 리오하Rioja와 리베라 델 두에로Ribera del Duero의 가르나차는 품질이 좋다. 토착 품종인 템프라니요와 블렌딩하면 스파이스 향이 더해지고 미감이 더 풍만하고 부드러워진다. 나바라Navarra지역에서는 그르나슈가 가장 널리 재배되는 품종으로 즙이 많고 붉은 과일향이 난다. 그러나 프리오라트Priorat의 가르나차는 차원이 다르다. 수령이 오래된 포도나무에서 수확하여 유난히 짙고 타닉한 풀 바디 와인이 되며 말린 산사나무 열매와 계피, 정향이 난다. 적은 수확량과 오래된 포도나무, 척박한 땅이 모두 이와 같은 특별한 향미를 만드는데 기여한다.

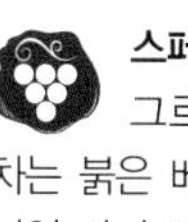

스페인
그르나슈/가르나차는 붉은 베리류 향의 미디엄 바디 와인, 무게 있고 타닉한 풀 바디 와인 등 다양한 품질과 스타일을 만든다.

5 국제적 레드 품종

호주: 남 호주

신세계의 따뜻한 기후에서는 그르나슈가 통통하게 익으며 산도와 타닌은 낮아지고 구기자 꽃빵과 구기자 젤리 향미를 띤다. 색깔과 과일향이 빨리 사라지므로 남 호주 그르나슈는 바로 마시는 일상 와인으로 만들거나 쉬라즈와 무르베드르와 블렌딩한다. 활달한 과일향과 약한 타닌 구조는 새 오크통 숙성에 적합하지 않으며, 따라서 자연스럽게 과일향이 넘치는 스타일이 된다. 가장 좋은 예는 맥러렌 베일McLaren Vale과 바로사Barossa의 오래된 포도나무에서 나는 응집된 스타일의 그르나슈이다.

호주: 남 호주
그르나슈 단일 품종 와인도 있지만 주로 론 스타일의 GSM(그르나슈, 시라, 무르베드르) 블렌딩에 사용한다.

왼쪽 페이지: 그르나슈 향에 대한 묘사

1. 육두구 2. 정향 3. 스파이스/샤프란 4. 구기자 젤리 5. 구기자 6. 구기자 꽃빵 7. 탄두리 스파이스 8. 말린 구기자 9. 계피 10. 중국식 소시지

그르나슈의 지역적 표현

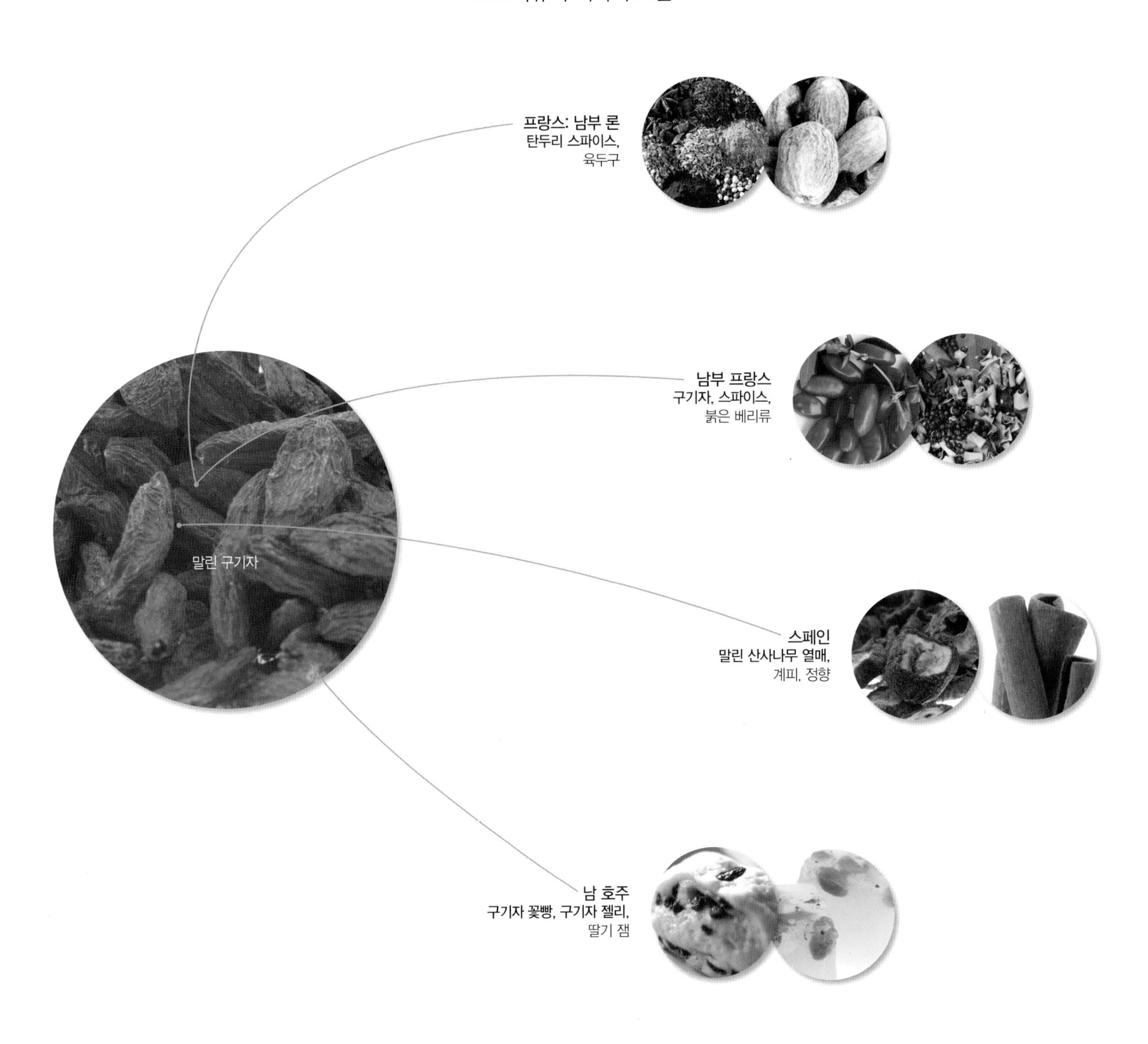
프랑스: 남부 론
탄두리 스파이스,
육두구
남부 프랑스
구기자, 스파이스,
붉은 베리류
말린 구기자
스페인
말린 산사나무 열매,
계피, 정향
남 호주
구기자 꽃빵, 구기자 젤리,
딸기 잼

"원하는 것을 갖지 못함이 때로는 큰 축복이 됨을 기억하자."

달라이 라마

국제적 화이트 품종

Chapter 6

Chapter

국제적 화이트 품종

5대 전통적 화이트

와인을 처음 마시기 시작할 때는 대부분 화이트와인을 먼저 마신다. 그러나 도쿄나 홍콩, 싱가포르 등 아시아 도시에서 소비되는 화이트와인은 레드와인의 1/3에 불과하다. 1990년 이전에는 화이트와 레드의 소비량에 큰 차이가 없었으나, 1990년 대 중반 레드와인이 건강에 좋다는 매스컴의 영향으로 레드와인이 상승세를 타기 시작했다. 이 무렵 중국의 정치 지도자들도 공식 연회에서 전통주나 꼬냑, 위스키 대신에 레드와인 잔을 들고 건배하는 모습을 보이기 시작했다.

지난 20여 년간 레드와인 선호가 계속되면서 아시아에서 화이트와인은 아직도 미지의 세계로 남아있는 것 같다. 중국과 인도의 포도 재배도 이런 현상을 반영하듯 레드, 특히 카베르네 소비뇽을 주로 심고 있다.

아시아의 레스토랑에 구비되어 있는 화이트와인은 대부분이 샤르도네와 소비뇽 블랑 두 품종이다. 아시아 애호가들은 풀 바디 샤르도네의 풍미와 다양한 스타일을 좋아한다. 부르고뉴의 샤블리Chablis나 뫼르소Meursault, 퓔리니 몽라셰Puligny-Montrachet 등을 주로 찾으며 신세계 샤르도네도 인기가 있다. 샤르도네는 어느 지역에도 쉽게 적응하여 중국과 일본을 포함한 세계 곳곳에서 멋진 샤르도네를 생산하고 있다.

소비뇽 블랑도 인기 품종이다. 상점 진열대에는 프랑스 루아르 밸리Loire Valley의 상세르Sancerre나 푸이 퓌메Pouilly-Fumé, 캘리포니아의 퓌메 블랑Fumé Blanc 등이 고루 갖추어져 있다. 그러나 대중적으로는 뉴질랜드 소비뇽 블랑이 더 인기가 있다. 뉴질랜드의 클라우디 베이Cloudy Bay 소비뇽 블랑은 상표 인지도가 높으며 독특한 스타일로 세계 시장을 주도하고 있다. 아시아 주요 도시 어디에서나 이 와인은 공급이 수요에 못 미치고 있다. 호주와 칠레에서도 뉴질랜드와 비슷한 스타일을 생산하며, 소비뇽 블랑의 인기가 오르면서 재배 지역도 세계적으로 더 늘어날 전망이다.

5대 품종 중 리슬링과 세미용, 피노 그리는 아시아의 레스토랑 와인 리스트나 상점 진열대에서는 눈에 잘 띄지 않는다. 리슬링은 구색을 갖추는 정도이며, 아시아 어느 도시에서든 리슬링 르네상스가 진지하게 일어나길 기대해 본다. 아시아에서는 드라이 스타일보다는 독일산 스위트 리슬링을 찾기가 더 쉽다.

세미용과 소비뇽을 블렌딩한 보르도산 화이트는 아시아에서 점차 소비가 늘어나는 추세이다. 친숙하고 평판이 좋은 보르도 지역 화이트이기 때문에 드라이 스타일이든 스위트 스타일이든 인기가 있다. 호주의 세미용 기본 스위트 스타일은 애호가가 거의 없으며, 드라이 와인도 소비뇽 블랑이나 샤르도네와 같은 인기 상승은 보이지 않고 있다.

피노 그리/피노 그리조는 아시아의 이탈리아 레스토랑에 널리 보급되어 있다. 깔끔하며 부드러운 허브와 감귤 향으로 아시아 음식과 잘 어울린다. 슈냉 블랑은 국제적으로는 주요 화이트 품종에 속하지만, 아시아에서는 아직도 루아르의 사랑스런, 나이를 먹으며 익어가는 슈냉 블랑, 또는 남아공의 신선한 감귤 향 슈냉 블랑을 거의 모르고 있다.

지금은 주목을 받지 못하고 있지만, 산뜻한 산미와 다양한 스타일의 화이트와인은 아시아 음식과도 잘 어울려 곧 애호가들이 늘어날 전망이다. 화이트와인은 이를 즐기는 아시아 여성들이 늘어나고, 또한 소비자로서나 전문가로서 여성이 와인을 사고 주문하는 주체가 됨에 따라 소비량이 더욱 늘어날 것으로 보인다.

5대 화이트 품종도 지역적 특색을 나타내는 도표에 전통적 용어와 아시아 용어를 함께 수록했다.

샤르도네

화이트 품종의 왕은 샤르도네Chardonnay임이 분명하다. 적응력이 뛰어나며 향미의 폭이 넓고 스타일도 다양하다. 서늘한 지역에서는 신선한 야채류와 미네랄 향이 나고 따뜻한 지역에서는 배나 핵과 향이 난다. 더운 지역의 샤르도네는 육감적이며 바나나와 망고, 파파야 등 열대 과일향이 풍긴다. 어떤 기후에서도 미감은 풍부하며, 미디엄 또는 풀 바디의 원만한 와인이 된다.

샤르도네는 여러 가지 양조 방법이 가능한 품종이기 때문에 더욱 다양한 모습을 보인다. 찌꺼기 접촉lees contact을 하거나 통 발효, 통 숙성 등 양조법을 택하면 서늘한 기후에서도 향미를 한 차원 높일 수 있고 풍부하게 만들 수 있다. 양조 과정을 최소한으로 줄이면 과일과 미네랄 향이 그대로 남는 깔끔하고 섬세한 스타일이 된다.

프랑스 부르고뉴의 화이트는 고급 화이트와인의 동의어로 여겨지며 지난 수십 년간 아시아에서도 인기를 누리고 있다. 샤블리Chablis와 푸이 퓌세Pouilly-Fuissé, 퓔리니 몽라셰Puligny-Montrachet는 고품질 샤르도네로 명성을 얻고 있으며, 품종보다는 오히려 고유의 와인 스타일로 더 잘 알려져 있다. 샤르도네의 품종명 라벨은 1980년대 초에 신세계 지역, 특히 캘리포니아와 호주에서 널리 사용하기 시작했으며 이후로 큰 성공을 거두었다. 많은 아시아 도시에서도 샤르도네가 화이트와인의 대명사가 되었고, 레스토랑 와인 리스트와 상점의 진열대를 석권하고 있다.

샤르도네가 어떤 기후에도 잘 적응한다는 말은 향미의 범위가 그만큼 넓어진다는 의미도 된다. 샤블리와 같은 서늘한 지역에서 만든 감귤류나 미역, 허브 향 샤르도네도 날씨가 더운 해는 배와 도넛복숭아 향미를 나타낸다.

특성

샤르도네는 전 세계에 걸쳐 재배가 가능한 진정한 국제적 품종이다. 가볍고 파삭한 스타일에서 열대 과일향과 오크 향이 진한 풀 바디 와인까지 다양한 와인을 만든다.

샤르도네의 구조

낮음/약함 중간 높음/강함

산도

바디

알코올

구조의 범위

서늘한 지역의 샤르도네는 부드러운 미역을 연상시키는 미네랄 향이 나며 산미는 단단하다. 나파 벨리나 남 호주같은 더운 지역 샤르도네의 향미는 이와는 전혀 다르다. "병 속의 햇빛sunshine in a bottle"이란 말처럼 참외와 잭프루트 향이 나며 따뜻한 풀 바디 와인을 만든다. 다양한 기후에 적응하며 색다른 향미를 나타내는 샤르도네는 유럽과 신세계에서도 생산이 계속 늘어날 것이 확실하다.

샤르도네는 오크와 매우 잘 어울린다. 새 오크통이나 헌 오크통을 잘 선택하여 사용하면 향미의 깊이와 복합성을 더할 수 있다. 샤르도네는 지역에 따라서도 다양한 특징을 나타내고, 양조 방법에도 선택의 여지가 많다. 부르고뉴 최고 그랑 크뤼 레드만큼 비싼 도멘 드 라 로마네 콩티Domaine de la Romanée-Conti의 르 몽라셰Le Montrachet는 복합적이며 오랜 병 숙성이 가능한 화이트로 샤르도네의 잠재력을 여실히 보여준다. 샤르도네는 테루아와 와인 메이커가 함께 만드는 작품이라고 할 수 있다.

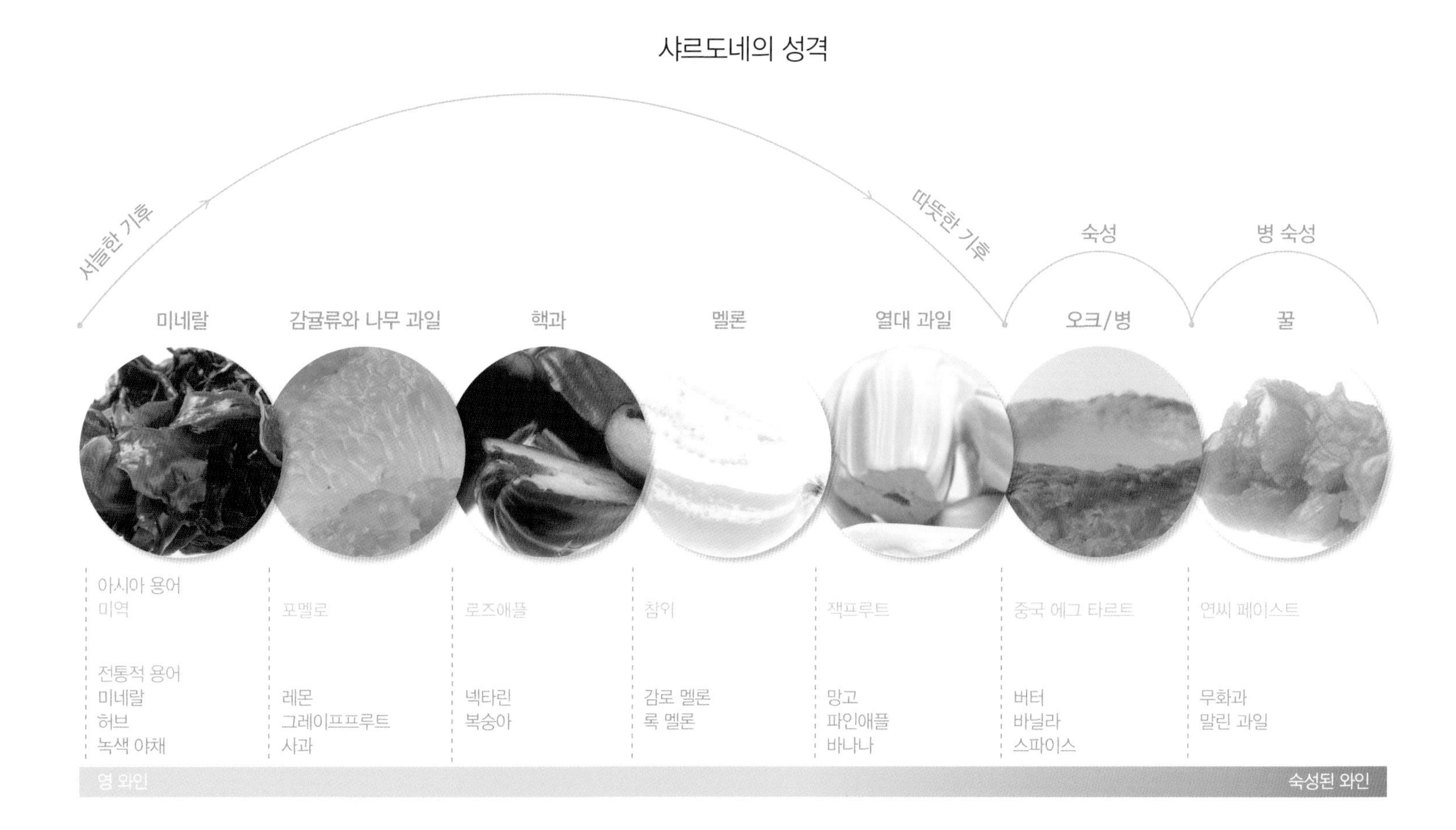

샤르도네의 지역적 특색

프랑스: 부르고뉴

샤블리Chablis는 신선하며 우아한 프랑스식 화이트와인이며, 부르고뉴 북쪽의 샤블리 지역에서 수세기 동안 생산해 온 샤르도네를 일컫는다. 전형적인 샤블리는 오크 향이 거의 없고 군살 없이 깔끔하며, 가벼운 해산물 요리에 이상적이다. 최근에는 현대화를 추구하는 와인 메이커들이 유럽의 다른 전통적 재배 지역처럼 잘 익은 과일향과 오크 향이 분명한 와인도 생산하고 있다. 그러나 샤블리처럼 서늘한 지역의 샤르도네는 오크 향이 섬세한 향미를 가리기 쉬워 오크 숙성을 삼가는 편이다. 그랑 크뤼 급 와인에만 제한적으로 오크 숙성을 한다.

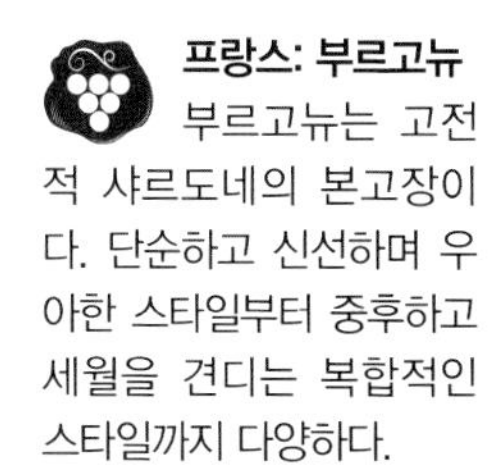

프랑스: 부르고뉴
부르고뉴는 고전적 샤르도네의 본고장이다. 단순하고 신선하며 우아한 스타일부터 중후하고 세월을 견디는 복합적인 스타일까지 다양하다.

샤블리는 연한 초록색을 띠는 레몬 색이다. 절제된 향미로 미네랄과 미역, 감귤, 구아바 향이 난다. 처음에는 예리한 느낌이지만 단단하고 차가운 산미와 크림같은 질감이 대조되어 미각을 즐겁게 해준다. 고전적 샤블리는 정갈하고 미묘하며 향보다 질감이 더 돋보인다. 미네랄 향은 돌이나 자갈을 연상시키며 아시아의 미역 냄새와 비슷하다. 그랑 크뤼 급 샤블리는 잘 익은 해는 과일향이 강해지지만, 금속성의 산미는 변함이 없고 구조는 단단하다.

꼬뜨 드 본Côte de Beaune은 부르고뉴의 유명한 꼬뜨 도르Côte d'Or(황금의 언덕) 지역에 속한 샤르도네 산지이다. 샤블리에서 140킬로미터 남동부에 위치하여 더 따뜻하며, 과일향은 감귤류보다 핵과 향으로 기운다. 꼬뜨 드 본의 북쪽에 위치한 꼬뜨 드 누이Côte de Nuits는 주로 레드와인을 생산하며 샤르도네는 소규모 재배한다.

꼬뜨 드 본에서 인기 있는 샤르도네 마을은 퓔리니 몽라셰Puligny-Montrachet와 뫼르소Meursault이다. 뫼르소가 참외와 버터 향이 난다면, 퓔리니 몽라셰는 강한 헤이즐넛과 도넛복숭아 향이 나며 금속성이 있다. 두 곳 모두 좋은 와인은 오크 향이 잘 스며들어 스파이스와 토스트, 바닐라 향이 나타난다. 뫼르소는 질감이 더 부드럽고 원만하며 퓔리니 몽라셰는 과일향과 산미가 조밀하며 군살이 없다. 이웃 샤사뉴 몽라셰Chassagne-Montrache는 향미는 비슷하지만 퓔리니 몽라셰보다 깊이는 덜하다.

서늘한 지역 샤르도네는 젖산 발효MLF(malolatic fermentation, 2차 발효)를 시켜 와인의 산도를 감소시킨다. 자연적인 MLF는 1차 알코올 발효 후 와이너리에 서식하는 젖산 박테리아에 의해 자연히 일어난다. 인위적인 방법으로는 와인의 온도를 적당히 높여 주거나, 발효를 중지시키는 아황산을 첨가하지 않거나, 또는 배양 젖산 박테리아로 발효를 유도하기도 한다. 서늘한 지역에서는 거칠고 신랄한 맛을 내는 사과산을 부드럽게 만드는 동시에 와인의 바디도 강하게 만들어주기 때문에 대부분 MLF를 선호한다. 이스트 찌꺼기lees를 걸러내지 않고 그대로 두어도 신맛을 부드럽게 하는 효과가 있다. 견과류와 이스트 향이 나고 크림같은 질감을 느낄 수 있다. 산도가 원래 낮은 따뜻한 지역에서는 적당한 산미를 유지하기 위해 MLF를 하지 않는다. 산미가 골격을 이루는 신선한 아로마 화이트도 MLF를 하지 않는다.

1
2
3
4
5
6
7
8
9
10

본Beaune은 생동하는 도시이며, 화이트와 레드와인이 생산되는 아펠라시옹이기도 하다. 주로 부샤르Bouchard, 드루앵Drouhin, 쟈도Jadot 등 유명한 네고시앙Négociants들이 생산자들에게서 포도를 구입하여 와인을 만들거나, 발효가 끝난 중간 상태의 와인을 사서 병입하여 라벨을 붙인다. 본의 화이트는 훌륭하지만 이웃 마을에 비하면 농축도와 섬세함이 떨어진다.

유명한 그랑 크뤼Grand Cru 르 몽라셰Le Montrachet는 부르고뉴 화이트의 전형적 스타일이다. 퓔리니 몽라셰 마을의 중심부에 위치하며 마을 이름에서 그랑 크뤼 이름을 따왔다. 깊은 레몬 색깔로 은행과 미네랄 향이 섞인 풍부하고 복합적인 와인이다. 몽라셰는 강하면서도 우아하고, 풍염한 풀 바디 와인이지만 군살이 없으며, 강렬하면서도 섬세함이 가득 차 있는 모순되는 성격을 갖고 있다. 르 몽라셰 근처에 바타르 몽라셰Bâtard Montrachet와 슈발리에 몽라셰, 비앵브뉘 바타르 몽라셰Bienvenues-Bâtard Montrachet, 레 크리오Les Criots 등 그랑 크뤼 포도밭들이 모여 있다.

남쪽 마코네Mâconnais와 꼬뜨 샬로네즈Côte Chalonnaise 와인은 단순하며, 멜론과 열대 과일 등 잘 익은 과일향이 나는 와인으로 기운다. 꼬뜨 샬로네즈의 륄리Rully와 부즈롱Bouzeron, 몽타뉘Montagny 세 지역은 화이트로 이름난 곳이며 가격도 적당하다. 마코네 지역도 레드보다 샤르도네가 더 잘 알려져 있다. 특히 푸이 퓌세Pouilly-Fuissé는 화이트가 성공한 지역으로 잘 익은 과일향과 신선한 산미가 돋보인다. 가벼운 오크 향과 균형 잡힌 미디엄 바디 와인으로 믿고 살 수 있다.

호주

신세계의 다른 지역은 주로 부르고뉴의 오크 숙성한 모델을 따르지만, 호주는 오크 향이 없는 신선한 과일향 샤르도네 등 개성적인 스타일을 추구한다. 남 호주와 헌터 밸리Hunter Valley는 비교적 따뜻한 지역으로 황금빛이 나는 풍만한 열대 과일향 샤르도네를 생산한다. 더운 지역이지만 남 호주의 아델레이드 힐스Adelaide Hills나 에덴 밸리Eden Valley, 뉴 사우스 웨일스의 오렌지Orange 지역 등 서늘한 곳에서는 보다 우아한 스타일을 만든다.

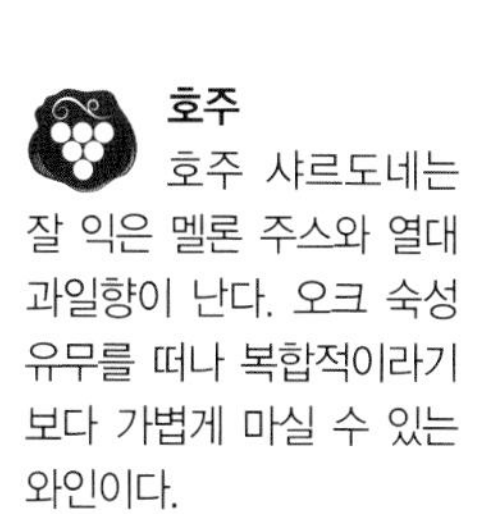

호주
호주 샤르도네는 잘 익은 멜론 주스와 열대 과일향이 난다. 오크 숙성 유무를 떠나 복합적이라기보다 가볍게 마실 수 있는 와인이다.

빅토리아 해안이나 야라 밸리Yarra Valley, 서 호주 해안 등 서늘한 지역에서는 오크 향 스타일 또는 신선한 스타일 등 매우 다양하게 생산한다. 오크 숙성을 하지 않은 와인은 풀 바디보다 미디엄 바디가 된다. 깔끔하고 활기차며 신선한 산미와 잘 익은 도넛복숭아 향, 일본 크라운 멜론 향이다. 부르고뉴식

왼쪽 페이지: 샤르도네 향에 대한 묘사
1. 망고 스틴 2. 미역 3. 은행 4. 구아바 5. 참외 6. 람부탄 7. 잣 8. 잭프루트 9. 도넛복숭아
10. 일본 크라운 멜론

으로 통 발효를 하고 통 숙성을 한 대단히 복합적이며 중후한 와인도 찾아볼 수 있다.

빅토리아의 북동부 지아콘다Giaconda 샤르도네는 부르고뉴 외 지역에서도 세계적인 수준의 샤르도네를 만들 수 있음을 잘 보여준다. 멜론과 잘 익은 복숭아 향의 응집된 향미, 단단한 산미와 입안을 가득 채우는 질감은 그랑 크뤼 부르고뉴와 비슷하다는 정도 이상의 찬사를 받는다.

뉴질랜드
뉴질랜드 샤르도네는 호주나 캘리포니아의 서늘한 지역과 유사한 과일향을 나타낸다. 그러나 생동감이 있고 아로마가 분명하며 산미가 단단하다.

뉴질랜드

뉴질랜드 고급 샤르도네는 부르고뉴의 프르미에 크뤼나 그랑 크뤼 급과 스타일이 비슷하다. 남반구 최남단 재배 지역의 서늘한 기후에서 나타나는 활달하고 신선한 산미와 함께, 따가운 햇볕으로 아주 잘 익은 핵과 향과 망고스틴 향이 함께 풍긴다. 북 섬의 기즈번Gisborne과 혹스 베이Hawkes Bay 와인이 짙고 풍만한 전형적 신세계 스타일이라면, 북 섬의 남부 마틴보로Martinborough는 매우 우아한 부르고뉴 스타일이다. 남 섬의 말보로Marlborough와 센트럴 오타고Central Otago는 산미가 더 예리하며 멜론이나 열대 과일향은 덜한 편이다. 최고급 뉴질랜드 산 샤르도네는 조밀한 핵과 향과 망고스틴, 견과류 향이 나고 오크 향도 잘 스며들어 있다. 부르고뉴보다는 알코올이 높고 미네랄 향이 적으며 아로마는 더 활달하다.

미국
캘리포니아와 오리건, 워싱턴 주의 고급 샤르도네는 육감적이며 매혹적이다. 풀 바디이며 매우 잘 익은 열대 과일향이 난다. 새 오크통을 넉넉히 사용하여 오크 향도 잘 스며들어 있다.

미국

캘리포니아 주는 광활하여 지역에 따라 다른 스타일 와인이 생산된다. 더운 센트럴 밸리Central Valley 포도로 만드는 무르익은 열대 과일향의 일상 와인부터, 잘 익은 복숭아와 람부탄 또는 잣 향의 무게감 있는 복합적인 와인까지 품질이 다양하다. 센트럴 코스트에서 오리건과 워싱턴 주에 이르는 서늘한 지역에서는 향이 층층이 깔린 응집된 와인이 생산된다. 키슬러Kistler와 리토라이Littorai, 마카샌Marcassin은 캘리포니아 샤르도네가 표현할 수 있는 최고의 깊이와 복합성을 갖춘 와인이다. 이들 최고품들은 부르고뉴 화이트와 유사하나 더 너그럽고, 더 잘 익고 달콤한 과일향을 나타낸다. 오리건과 워싱턴 주도 비슷한 스타일의 와인을 생산하며 강한 열대 과일향과 일본 크라운 멜론 향, 새 오크통의 볶은 잣 향이 난다.

대부분 미국 샤르도네는 깊은 황금색으로 잘 익은 과일향이 주도하며 오크 향도 뚜렷하다. 캘리포니아 샤르도네는 높은 알코올과 글리세롤 함량으로 바디도 강하며 항상 단맛을 느낄 수 있다. 캔달 잭슨Kendall Jackson이나 옐로 테일Yellow Tail은 미국인들의 입맛에 맞도록 병입 전에 설탕을 첨가하여 단맛을 더 내기도 한다.

샤르도네의 지역적 표현

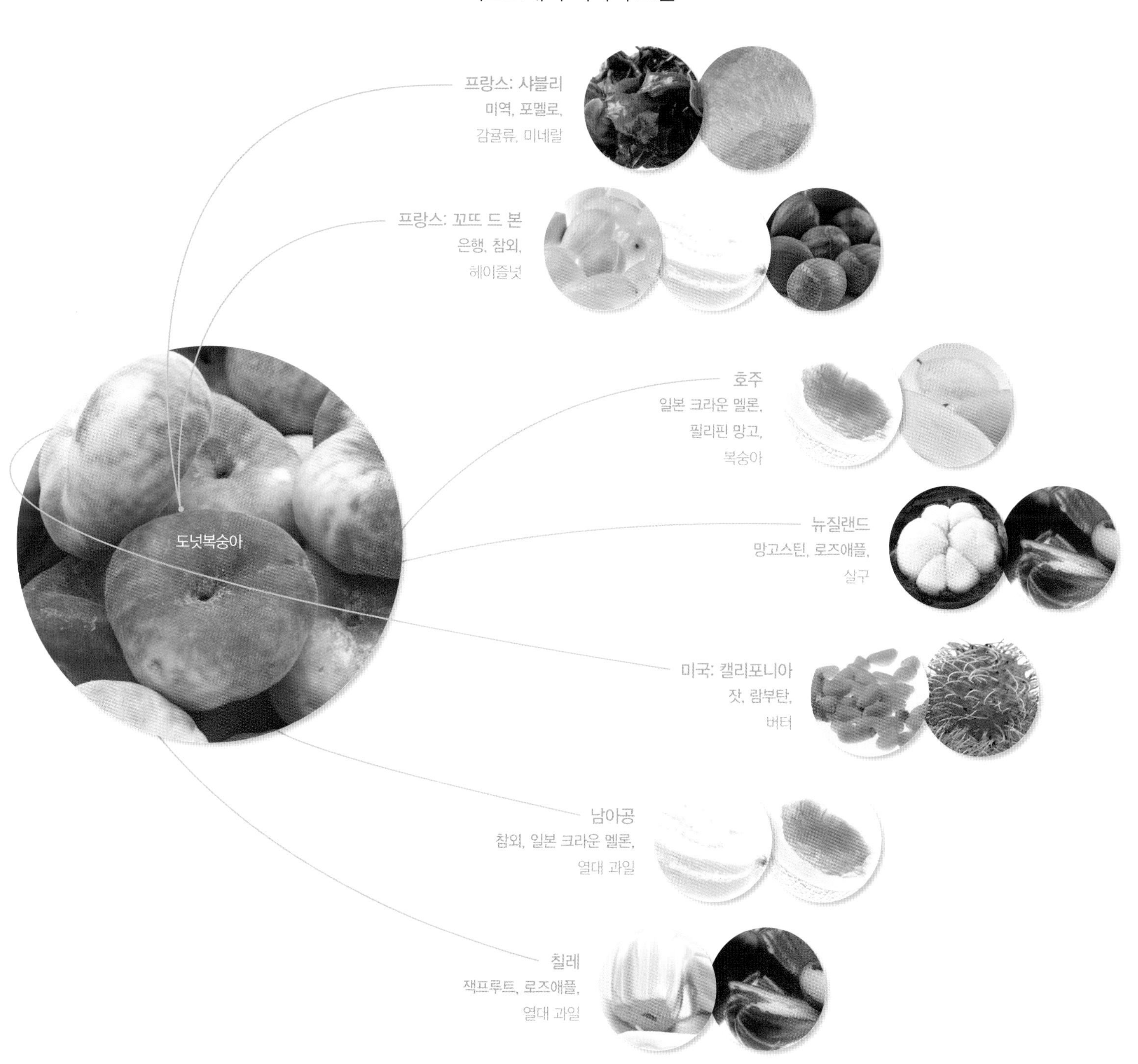
프랑스: 샤블리
미역, 포멜로,
감귤류, 미네랄
프랑스: 꼬뜨 드 본
은행, 참외,
헤이즐넛
호주
일본 크라운 멜론,
필리핀 망고,
복숭아
도넛복숭아
뉴질랜드
망고스틴, 로즈애플,
살구
미국: 캘리포니아
잣, 람부탄,
버터
남아공
참외, 일본 크라운 멜론,
열대 과일
칠레
잭프루트, 로즈애플,
열대 과일

남아공
신세계의 잘 익은 열대 과일향의 풀 바디 스타일과 구세계의 절제된 스타일의 중간이다.

남아공

잘 익어 알코올 도수가 높은 풀 바디 신세계 스타일과 절제된 구세계 스타일이 섞여 있다. 남쪽 해안의 워커 베이Walker Bay에서 생산하는 최고급 샤르도네는 부르고뉴의 미네랄 향과 견과류 향이 난다. 그러나 캘리포니아와 호주 샤르도네에서 나타나는 잘 익은 참외나 열대 과일향 쪽으로 더 기운다. 산미는 재배 지역에 따라 다르지만 뉴질랜드의 상큼함에는 미치지 못한다. 예전에는 와인이 투박하고 과일향의 깊이나 성격이 단순했지만 양조법의 발전에 따라 빠르게 변화하며 세련된 스타일로 가고 있다. 최고의 생산자들은 남아공 특유의 스모키한 향을 견과류 향으로 바꾸고, 투박한 과일향을 깔끔하고 활달하게 바꾸며, 과숙한 열대 과일향 와인을 절제된 스타일로 바꾸고 있다.

칠레
칠레는 최근 부르고뉴 스타일의 훌륭한 샤르도네를 만들고 있다. 최고품은 발랄하고 군살이 없으며 로즈애플 향이 난다.

칠레

칠레 샤르도네는 잘 익은 과일향이 앞서는 진부한 신세계 풀 바디 스타일 와인이다. 잭프루트와 같은 단순한 열대 과일향을 풍긴다. 품질이 좋은 샤르도네는 북쪽 리마리 밸리Limari Valley에서 남쪽 비오비오 밸리Bio Bio Valley에 걸쳐 좁고 긴 국토의 해안선을 따라 생산된다. 칠레는 해안 지역뿐 아니라 수많은 산과 계곡도 개간하여, 고도가 높은 지역에 심은 샤르도네는 섬세한 과일향과 높은 산도로 품질이 좋다. 가격에 비해 훌륭한 샤르도네를 기대할 만한 나라다.

소비뇽 블랑

특성
풀 향이 뚜렷하고 산도가 높다. 소비뇽 블랑의 상큼한 과일향과 산미는 서늘한 기후대에서 가장 잘 나타난다.

소비뇽 블랑Sauvignon Blanc은 최근 샤르도네를 대체할 만한 멋진 와인으로 떠오르고 있다. 신선하며 아로마를 지닌 믿을 만한 와인으로 계속 인기를 모으리라 본다. 오크 숙성 유무에 따라 스타일이 달라지나, 아시아에서는 오크 향이 없는 소비뇽 블랑이 더 인기가 있다. 미네랄 향이 나는 프랑스 상세르든, 풀 향이 나는 뉴질랜드 소비뇽 블랑이든, 모두 신선한 야채와 감귤 향을 지니고 있다.

소비뇽 블랑을 묘사하는 아시아 용어는 많지만, 그중에서 판단padan잎이나 레몬그라스, 부추, 카피르 라임 등이 자주 쓰인다. 전통적 표현으로는 잔디와 허브, 구즈베리 향 등으로 표현한다. 서늘한 지역의 소비뇽 블랑에서 캣츠 피cat's pee 냄새가 난다고 표현하기도 하는데, 이는 부정적이기보다는 긍정적인 느낌으로 허브의 자극적 아로마를 뜻한다. 소비뇽 블랑은 연초록 색으로 봄날을 연상시킨다.

프랑스 센트럴 밸리의 상세르Sancerre와 푸이 퓌메Pouilly-Fumé는 대륙성 기후로 서늘하다. 이 지역 소비뇽 블랑은 연한 레몬 색으로 가끔 연두 색조를 띈다. 아로마는 말린 미역과 허브, 감귤류 성격으로 절제된 향이다. 라이트 바디의 우아한 스타일로 알코올은 적당하며 미네랄 향이 깔린다. 푸이 퓌메의 성냥 냄새는 백악질과 단단한 부싯돌 토양에서 비롯한다고 한다.

오크통을 사용하는 실험은 푸이 퓌메 지역에서 대부분 시도하고 있다. 특히 디디에 다그노Didier Dagueneau의 통 숙성시킨 퓌르 상Pur Sang과 실렉스Silex는 놀라울 정도로 응집되고 풍부하며 오래된 포도나무의 저력을 보여준다. 루아르의 다른 생산자들도 통 숙성을 통해, 미묘한 풀 향에 원만한 질감과 토스트 향이 더해진 복합적인 스타일을 추구하고 있다. 이웃의 넓은 상세르 지역에서는 오크 실험은 덜하며, 전통적인 미네랄 향의 약간 예리하며 생기 있는 와인을 만든다.

소비뇽 블랑의 구조

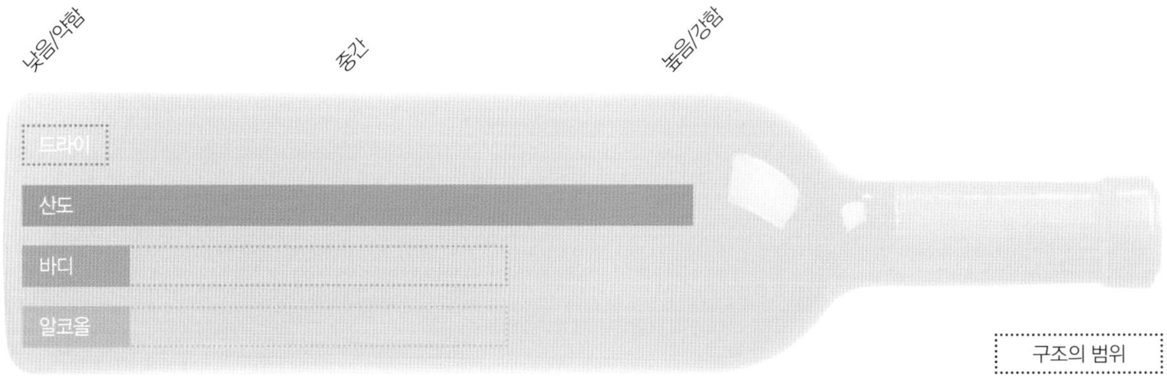

신세계 소비뇽 블랑의 본고장은 뉴질랜드이며 대부분 포도밭이 소비뇽 블랑을 재배하고 있다. 특히 말보로는 각 지역마다 특징있는 포도를 생산한다. 뉴질랜드 소비뇽 블랑은 특히 신선하여 풀 향이 강한 아로마를 띤다. 더운 북 섬에서는 신선한 판단 잎과 망고스틴 아로마가 강하게 나타난다. 뉴질랜드 소비뇽 블랑은 응집도가 높고 알코올이 강하며 루아르보다 바디도 강하다.

아시아에서 마시는 보르도산 소비뇽 블랑은 대부분 세미용과 블렌딩하여 오크통에 숙성한 와인이다. 일반적인 보르도 화이트는 가벼운 오크 향과 허브, 꽃, 감귤류 향이 난다. 아시아인들은 보르도 지역에 대한 인기 때문에 보르도 화이트도 많이 찾는다고 할 수 있다. 뻬싹 레오냥Pessac-Léognan의 고급 화이트와 오브리옹 블랑Haut-Brion Blanc, 파비용 블랑Pavillon Blanc, 슈발리에 블랑Domaine de Chevalier Blanc 등은 고유한 스타일과 장기 보관 가능성으로

소비뇽 블랑의 성격

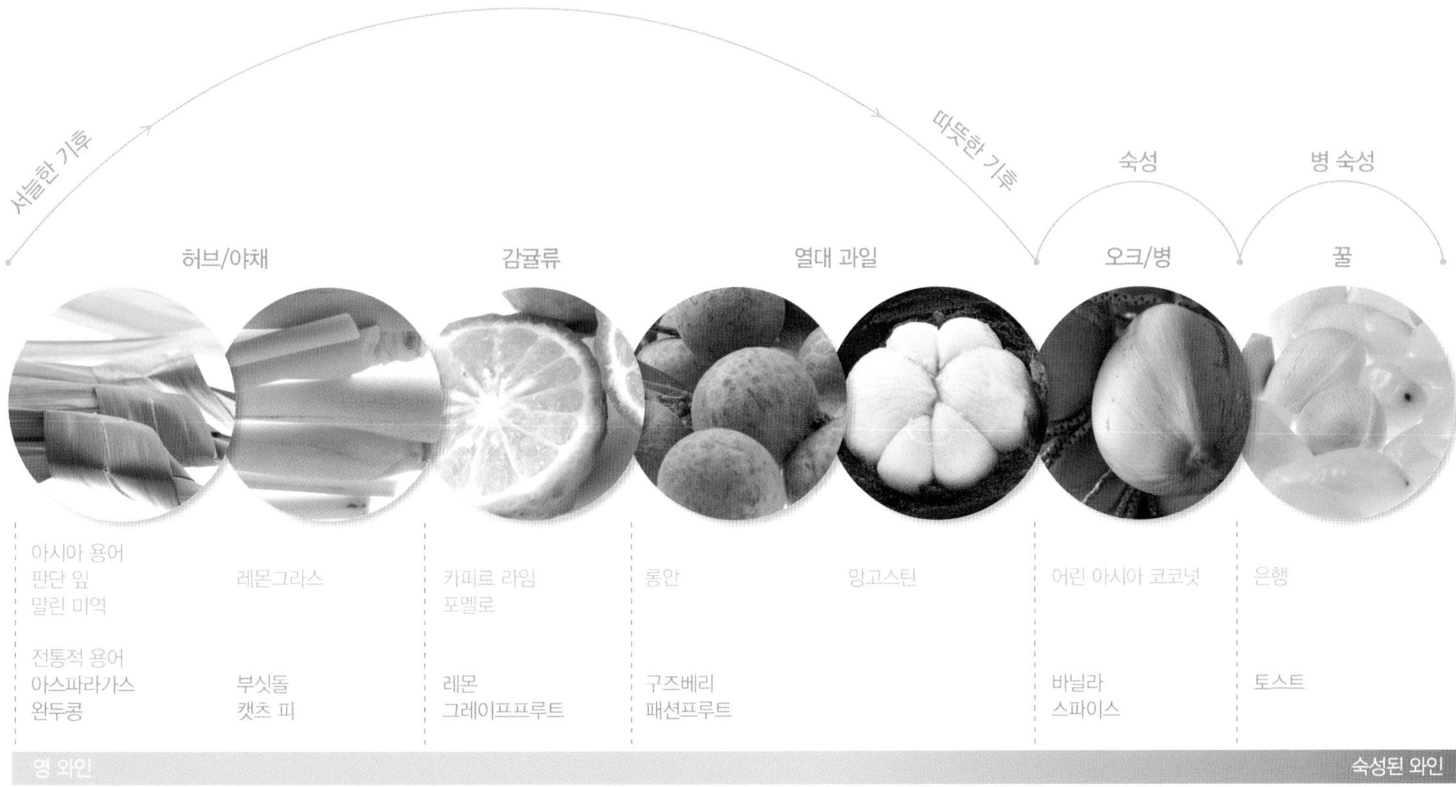

진가를 인정받고 있다. 앙트르 되 메르Entre-Deux-Mers는 보르도산 화이트로 가격이 적당하다. 단순한 와인으로 초록 풀 향의 뉴질랜드 스타일보다 한 단계 누그러뜨려진 스타일이다.

뻬싹 레오냥Pessac-Léognan의 고급 그라브Graves 드라이 화이트 생산자들은 소비뇽 블랑을 통 발효를 하고 통 숙성도 한다. 전통적인 6~12개월 숙성 기간보다 훨씬 길게 하며 겨울을 두 번 훌쩍 넘기는 곳도 있다. 메독의 일등급 샤또 마고Margaux에서도 수작업한 통에 숙성하는 소비뇽 블랑을 소량 생산한다. 이런 복합적인 와인은 어릴 때는 스파이스와 핵과 향, 약한 꽃 향, 풀 향이 숨어 있으며 오래 숙성하면 과일향과 산미를 배경으로 바디가 더해지고 미감이 풍부한 원만한 와인이 된다. 수명도 매우 길어 10년이 지나면 소테른Sauternes과 비슷한 부케와 함께 꽃과 꿀 향이 나타난다.

신세계에서 오크 향이 나는 소비뇽 블랑이 인기 있는 지역은 캘리포니아이다. 퓌메 블랑Fumé Blanc으로 불리며 보르도와 달리 100퍼센트 소비뇽 블랑으로 만든다. 세미용과 블렌딩하지 않으므로 해가 지나도 꿀 향이 나타나지는 않는다. 소비뇽 블랑은 캘리포니아에서 두 번째로 많이 재배하는 화이트 품종이며 오크 스타일로 양조하지 않기도 한다. 퓌메 블랑은 법적 규제를 받는 용어가 아니며 일반적으로 미국에서는 오크 숙성한 스타일은 퓌메 블랑, 오크 향 없는 스타일을 소비뇽 블랑으로 라벨에 표기한다. 오크통에 숙성한 경우, 허브 향을 배경으로 단 로즈애플 향이나 잘 익은 살구 향이 난다. 오크 향이 없는 스타일은 레몬그라스lemongrass와 부추 향이 나며 뉴질랜드 소비뇽 블랑에 비하면 상큼한 묘미는 드러나지 않는다.

신세계 다른 지역의 소비뇽 블랑도 인기가 오르고 있다. 칠레의 해안 지역에서도 재배를 시작하여 뉴질랜드 산 소비뇽 블랑의 반값으로도 살 수 있다. 소비뇽 블랑은 숙성 기간이 거의 필요 없고 숙성하더라도 최소로 하기 때문에 수확 후 6개월이면 출하할 수 있다. 수확량이 많고 회전이 빨라 오래 기다려야 하는 샤르도네같은 품종보다는 생산 비용을 훨씬 빨리 보상받을 수 있다. 생산자들에게는 매력 있는 품종이지만, 소비뇽 블랑의 활달한 성격을 그대로 유지시키는 것이 중요하다.

캘리포니아 퓌메 블랑Fumé Blanc은 1960년대 후반에 로버트 몬다비Robert Mondavi가 만든 쇼비뇽 블랑 스타일을 일컫는 신조어이며 북미에서는 넓은 시장을 갖고 있다. 퓌메는 프랑스어로 스모크(연기)를 뜻하는데 오크통의 토스트 향을 말하며 토스트 향이 나는 화이트와인이라는 뜻이다. 오크 향이 나는 퓌메 블랑은 상업적인 이름이며 캘리포니아 전역에서 생산한다. 이 용어가 유래한 루아르 지역의 블랑 퓌메Blanc Fumé는 단순히 프랑스 푸이 퓌메Pouilly Fumé 지역의 소비뇽 블랑을 뜻한다.

오른쪽 페이지: 소비뇽 블랑 향에 대한 묘사

1. 카피르 라임 2. 깍지 콩 3. 패션프루트 4. 감귤류 5. 롱안 6. 녹색 채소 7. 스타 프루트 8. 구즈베리 9. 레몬그라스 10. 레몬 11. 아스파라가스 12. 김

1
2
3
4
5
6
7
8
9
10
11
12

소비뇽 블랑의 지역적 특색

프랑스: 루아르 밸리

미네랄과 섬세한 풀 향, 감귤 향이 난다. 산도가 높고 라이트 바디로 부싯돌과 미역 냄새를 느낄 수 있다.

프랑스: 루아르 밸리

루아르 밸리는 소비뇽 블랑을 재배하는 지역 중 가장 서늘한 지역이다. 루아르 센트럴 밸리의 상세르와 푸이 퓌메가 중요한 산지이며, 와인은 군살이 없고 알코올과 바디가 적당하다. 매우 절제되고 미묘한 과일향과 말린 미역 냄새가 난다. 루아르의 소비뇽 블랑에서 느낄 수 있는 보편적인 과일향은 구즈베리이다. 푸이 퓌메 지역의 소비뇽 블랑은 특히 부드러운 연기와 탄약, 부싯돌 내음을 느낄 수 있다. 뚜렷한 과일향을 목표로 하는 현대 생산자들은 캣츠 피cat's pee라고 불리는 아로마보다는 미네랄 향과 신선한 중국 허브 향을 찾는다.

푸이 퓌메 지역의 와인은 품질이 균일하고 믿을 수 있는데 비해, 상세르 지역은 매우 넓어 다양한 품질의 와인이 생산된다. 두 곳 모두 고품질은 깔끔하고 드라이하며 상큼하고 신랄한 맛이며 푸성귀와 미네랄, 말린 미역이나 김을 떠오르게 한다. 상세르가 소비뇽 블랑의 성격이 더 분명하지만, 두 지역에서 생산되는 좋은 와인은 모두 라이트 바디이며 예리한 면이 있다.

프랑스: 보르도

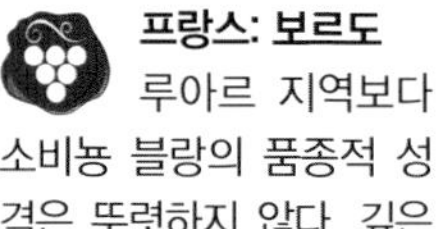

프랑스: 보르도

루아르 지역보다 소비뇽 블랑의 품종적 성격은 뚜렷하지 않다. 깊은 레몬 색깔로 허브와 레몬 그라스 향이다. 풍부하고 원만한 스타일이며 해가 지나면 꽃과 꿀 향을 느낄 수 있다.

보르도의 풍부하고 부드러운 스타일은 세미용과 소비뇽 블랑의 블렌딩에서 만들어지며, 오크통 숙성에서도 비롯된다. 보르도 화이트는 어릴 때는 로즈애플과 스타 프루트 향이 나며 숙성되면 꿀과 꽃 향이 난다. 때로는 발효시킬 때에도 오크통을 사용하며, 오크 숙성을 늘리면 더 부드러워진다. 깊은 레몬색이며, 높은 산도는 세미용의 원만한 질감으로 입 속에서 순화된다. 소비뇽 블랑은 보르도 화이트 블렌딩의 주품종이다. 풀 향이 깔리며 레몬그라스 향의 상큼한 산미로 누구나 뚜렷하게 구별할 수 있다. 세월이 가면 향이 풍부해지면서 말린 살구와 망고스틴, 꿀 향으로 발전한다.

보르도에서도 품질과 스타일은 다양하다. 오크 향이 없는 100퍼센트 소비뇽 블랑으로 만든 단순한 스타일도 있으며, 단일 품종은 품종 명을 라벨에 표기하기도 한다. 보르도에서 가장 큰 아펠라시옹인 갸론 강과 도르도뉴 강 사이의 앙트르 되 메르Entre-Deux-Mers 지역에서 주로 단순한 일상 와인을 생산한다. 이 지역 소비뇽 블랑 위주의 와인은 현대적 양조법으로 깔끔하고 가격에 비해 품질이 좋은 와인으로 향상되고 있다.

전통적 보르도 스타일은 세미용과 블렌딩하며 오크 향이 거의 없을 수도 있고 뚜렷하게 나타나기도 한다. 생산자 이름이나 상호 명으로 라벨에 표기한다. 보르도 최고 품질의 소비뇽 블랑은 블렌딩한 스타일로 통 발효와 통 숙성을 한 향미가 그대로 나타난다. 뻬싹 레오냥Pessac-Léognan에서 고급 드라이를 생산하며 참깨 향을 느낄 수 있다. 달고 매끄러운 보트리티스 디저트 와인도 세미용과 소비뇽 블랑

소비뇽 블랑의 지역적 표현

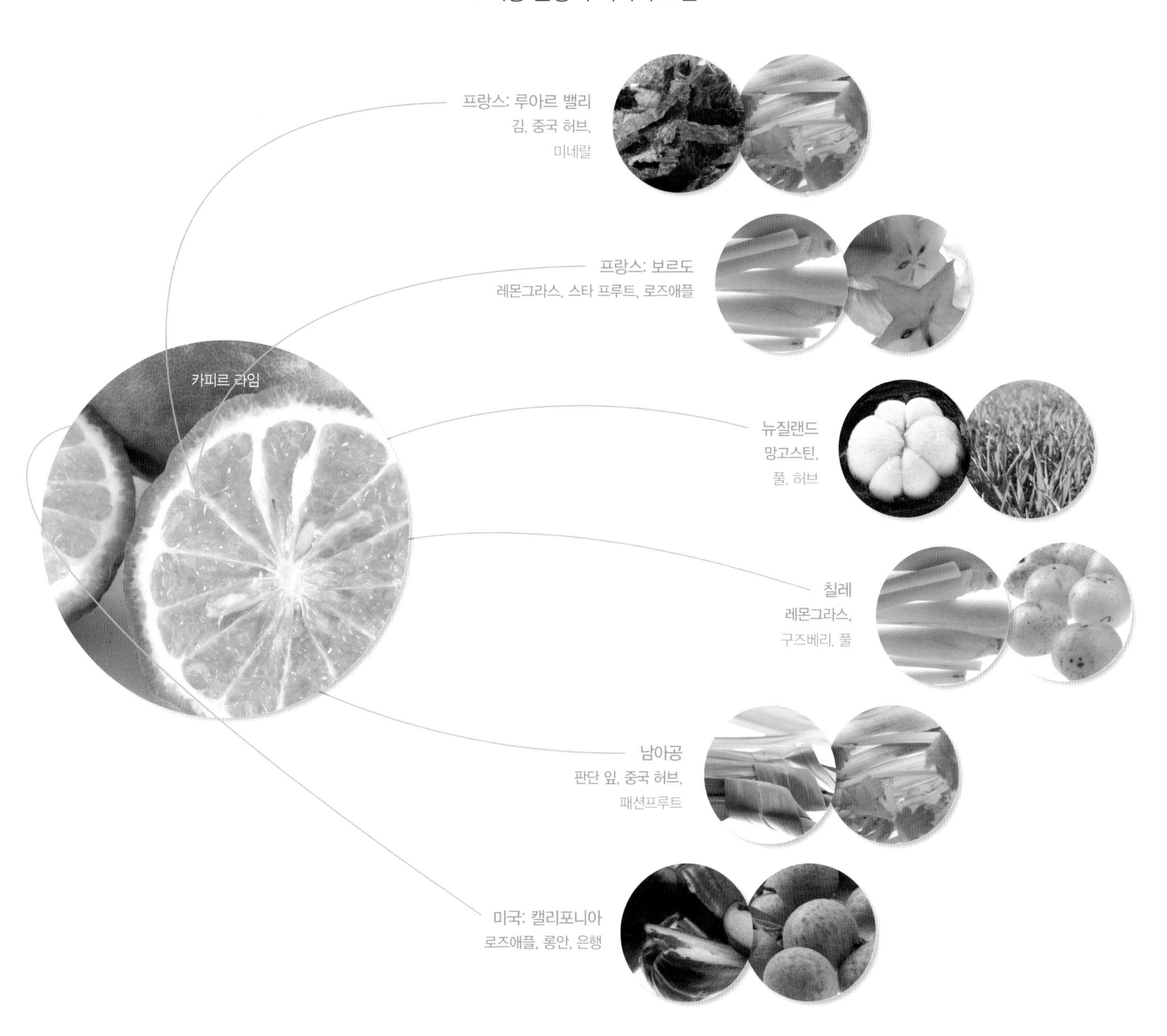

을 블렌딩한 것이며 세미용 편에서 따로 설명한다.

뉴질랜드
뉴질랜드 소비뇽 블랑의 세계적인 인기는 생기 있고 강한 풋과일 향과 상큼한 산미 때문이다.

뉴질랜드

뉴질랜드의 소비뇽 블랑은 독특하고 균등한 스타일로 아시아에서 인기를 얻게 되었다. 상큼하며 높은 산도와, 신선한 중국 허브 믹스를 연상하게 하는 부케와 예리한 풀 아로마가 매우 개성적이다. 단순하고 이차원적인 과일향 스타일이지만 요즈음은 포도 껍질 또는 찌꺼기 접촉을 늘려 향미를 보강한다. 이스트의 선택이나 포도를 완숙시켜 수확하는 등, 여러 가지 양조 방법을 시도하여 차츰 다양화되어 가고 있다.

소비뇽 블랑은 뉴질랜드 전역에서 재배한다. 특히 남 섬의 말보로는 대부분 농경지가 소비뇽 블랑을 재배하는 포도밭이다. 고전적 말보로Marlborough 스타일은 강한 풀 향이 나며, 마틴보로Martinborough와 북 섬 소비뇽 블랑은 야채류보다 감귤류 향이 더 진하다.

남 섬이든 북 섬이든, 소비뇽 블랑은 모두 연한 레몬 색이며 연초록 색조도 띈다. 아로마는 단순한 감귤류나 잔디 향에서 잘 익은 구즈베리, 망고스틴, 패션프루트까지 그 범위가 넓다. 오크는 거의 사용하지 않아 상큼하고 군살이 없는 스타일을 유지한다. 깔끔하지만 농축도는 상당히 높아 완숙된 포도로 만드는 경우 알코올 도수는 14퍼센트가 넘는다.

뉴질랜드식 소비뇽 블랑의 국제적 성공은 활달하고 신선한 성격과 항상 믿을 수 있는 변함없는 품질 때문이다. 아시아에서도 당당히 샤르도네의 자리를 넘보는 화이트 품종으로 자리잡았다.

칠레
칠레 소비뇽 블랑은 뉴질랜드의 적극적 성격에 비하면 소극적이다. 서늘한 지역에서는 가격에 비해 품질이 좋은 응집된 와인이 생산된다.

칠레

잘 만든 소비뇽 블랑은 신선한 산미가 있고 뉴질랜드의 풀 향보다는 과일향 쪽으로 기운다. 주로 감귤류의 단순한 과일향이 나며, 루아르 지역의 미네랄 향과 같은 뉘앙스는 없다. 카사블랑카Casablanca나 산안토니오San Antonio 등 북부에서 남부에 이르는 서늘한 지역은, 구즈베리와 패션프루트의 향미와 함께 활달한 카피르 라임과 레몬그라스 향을 나타낸다. 최고 품질은 뉴질랜드의 원숙함과, 절제된 미네랄 향의 루아르 스타일을 잘 겸비하고 있다.

남아공
단순한 풀 향부터 오크 숙성한 강한 향미의 풍만한 스타일까지 다양한 와인이 있다.

남아공

남아공의 소비뇽 블랑은 가격대가 낮으나 아시아에서는 별로 주목을 받지 못하였다. 뉴질랜드와 비교하였을 때 응집력이 약하고 신선함과 생동감이 떨어진다. 그러나 서늘한 지역과 해안 지역의 소비뇽 블랑은 미네랄 향과 신선한 중국 허브 향이 나며 풋고추 향을 띤다. 오크통 숙성을 한 스타일은 캘리포니아의 퓌메 블랑과 유사하지만, 잘 익은 달콤한 바닐라 향이 부족하다. 로버트슨Robertson 지역 등 따뜻한 지역에서는 알코올은 높고 산미는 적당하며, 약간 서늘한 곳에서는 촘촘한 과일향이 나타날 가능성도 있다.

미국: 캘리포니아

미국 소비뇽 블랑은 독자적인 길을 걸어왔다. 생산자들은 미네랄 향의 파삭한 루아르 밸리 소비뇽 블랑보다는, 샤르도네처럼 중후한 풀 바디를 지닌 로버트 몬다비Robert Mondavi 스타일의 오크 숙성한 퓌메 블랑을 선택하고 있다. 블라인드 테이스팅에서는 샤르도네로 착각할 수도 있다. 다양한 스타일로 고품질은 레몬그라스와 로즈애플, 롱안 향이 나며 오크통 영향으로 은행 향도 띤다.

미국: 캘리포니아
잘 익은 과일향이 가득한 풀 바디 소비뇽 블랑이 많다. 풀 향이 나는 전통적 소비뇽 블랑과는 너무 다른 스타일도 많다.

리슬링

특성
리슬링은 꽃 향이 뚜렷하다. 와인 스타일은 드라이나 오프 드라이, 미디엄 스위트, 풀 스위트, 보트리티스 스위트 등 광범위하다.

리슬링Riesling은 단맛의 정도나 품질의 등급이 매우 다양하다. 샤르도네도 다양성이 있고 적응력이 있는 품종이지만, 리슬링은 파삭한 드라이 스타일부터 달고 유질감이 있는 와인까지 훨씬 더 광범위한 면모를 보여준다. 샤르도네는 카멜레온처럼 기후와 양조법에 따라 향미가 달라지지만, 리슬링은 본래의 향미를 그대로 유지하는 편이다. 좋은 리슬링은 고유한 꽃과 과일 아로마를 보존하기 위해 오크 숙성이나 2차 발효, 찌꺼기 접촉 등 인위적 양조 과정을 되도록 피한다. 모젤의 스위트 리슬링도, 오스트리아, 남아공의 드라이 리슬링도, 향미를 변화시키지 않는 범위 내에서 조심스럽게 와인을 만든다.

리슬링은 주로 서늘한 기후에서 재배하며 서서히 익는다. 긴 성장 기간 동안 산도는 그대로 유지하며 당분을 천천히 축적한다. 아로마가 분명한 품종으로 꽃과 과일향이 진하게 나타날 때도 있다. 독일 같은 서늘한 지역에서도 과일향 아로마는 카피르 라임에서 도넛복숭아까지, 람부탄에서 구아바까지 다양하게 나타난다. 과일향 아래로 꽃과 타이 재스민 향이 신선하고 높은 산미와 함께 스며 있다. 리슬링은 항상 군살 없는 라이트 바디이지만 더운 곳에서는 미디엄 바디에 가까운 스타일이 되기도 한다. 독일은 알코올 도수가 상당히 낮은 편이며 아주 드라이한 스타일에서 유질감 있는 스위트 스타일까지 다양하다.

리슬링은 오크통 숙성을 거의 하지 않으며 아로마와 신선함을 그대로 보존하기 위해서 수확부터 병입까지 과정을 신속하게 처리한다. 영 리슬링은 진한 타이 재스민 향이 살아 있고 우아하다. 좋은 품질은 병 숙성이 되면서 꿀과 말린 꽃, 부드러운 휘발유 냄새가 난다. 생기 있는 산미는 시간이 지나면서 약간 바래지만 실제 산도는 계속 유지되며, 산미와 향미가 조밀하게 짜여진다. 리슬링은 섬세하고 우아하여 약하게 보이지만, 훌륭한 리슬링은 최고 레드와인만큼 복합적이며 장기 숙성이 가능하다.

리슬링을 대표하는 나라는 독일이다. 독일의 대부분 고급 와인은 리슬링이며 드라이에서 스위트까

리슬링의 구조

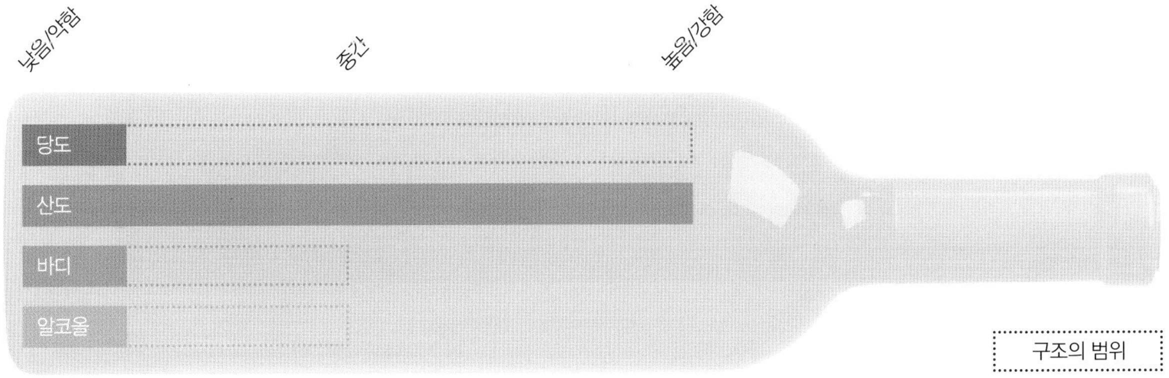

낮음/약함
중간
높음/강함
당도
산도
바디
알코올
구조의 범위

지 가지각색의 스타일을 만든다. 오스트리아는 독일과 유사한 스타일이지만 표현이 풍부한 독일 드라이 리슬링과 비교하면 꽃 향이 덜하며 간결하고 절제된 스타일이다.

알자스는 독일에 비해 기온이 높고 해를 보는 시간도 길어 더 풍요롭고 잘 익은 과일향을 나타낸다. 알자스에서는 리슬링의 특성인 꽃과 과일향이 더 뚜렷해지며 세계 어느 곳보다 바디와 알코올도 강하다. 알자스 리슬링의 고유한 특질은 입 안에서 느끼는 중후한 질감이다. 산도는 높지만 고차원의 무게감이 있다. 대부분의 알자스 리슬링은 드라이하며, 당분을 약간 남기는 정도이다. 늦게 수확한 포도로 만든 스위트 와인은 라벨에 방당주 타르디브Vendange Tardive라 표기하고, 셀렉시옹 드 그랑 노블Sélection de Grains Nobles은 보트리티스 와인이다.

신세계에서는 남 호주와 미국 워싱턴 주, 뉴질랜드가 중요한 생산 지역이다. 남 호주의 서늘하고 높은 언덕 지역인 클레어Clare와 에덴 밸리Eden Valleys 리슬링은 고유한 성격을 갖고 있다. 클레어 밸리 리슬링은 라임 향이 뚜렷하고 에덴 밸리는 복숭아와 꽃 향이 앞선다. 양 지역은 모두 드라이 라이트 바

1
2
3
4
5
6
7
8
9

디로 알코올은 높지 않고 산미는 단단하다. 워싱턴 주는 에덴 밸리와 알자스 리슬링의 중간쯤이며 알자스의 고차원적인 복합성은 없다. 잘 익은 도넛복숭아와 넥타린 향, 약한 꽃 향이 있다. 뉴질랜드 리슬링은 꽃 향과 핵과 향이 뚜렷하며 아로마가 강한 편이다. 남 섬에서 좋은 품질의 오프 드라이 스타일과 스위트 스타일이 생산된다.

보트리티스 시네레아Botrytis cinerea는 솜털같이 생긴 곰팡이 종류다. 포도 껍질을 뚫고 들어가 수분을 증발시켜 포도 알이 쭈그러들게 되고 향과 당분, 산을 농축시킨다. 유익한 보트리티스인 노블 롯Noble rot이 서식하려면 포도가 완벽하게 잘 익은 상태에서, 아침에는 안개가 끼고 오후에는 해가 나는 이상적인 날씨가 2~4주 계속되어야 한다. 보트리티스 포도는 달콤한 마말레이드와 꿀의 뉘앙스를 풍기는 풀 바디 와인을 만든다. 해로운 보트리티스인 그레이 롯grey rot은 세계적으로 수확기에 문제를 흔히 일으키는 위험한 곰팡이다. 회색 곰팡이는 습기와 비가 많고 오후에 햇볕이 나지 않을 때 생긴다. 이 곰팡이는 양조 중에도 와인에 좋지 않은 냄새를 주고 박테리아와 휘발산을 증가시키기 때문에 조심해야 한다.

리슬링의 지역적 특색

독일: 모젤, 라인가우

리슬링의 본고장인 독일은 스타일과 향미의 범위가 넓다. 모젤Mosel과 라인가우Rheingau같은 서늘한 지역에서는 오프 드라이와 스위트 스타일의 섬세하고 향기 있는 고전적인 리슬링이 생산된다. 타이 재스민 향과, 부드럽지만 진한 갖가지 흰꽃 향이 깃든 리슬링의 본고장이다. 알코올 함량은 낮으며 단맛이 발랄한 산미와 균형을 이룬다.

모젤 리슬링은 연한 레몬 초록색으로 대단히 섬세하며 꽃과 레몬그라스, 스타 프루트 아로마와 미네랄 향을 띈다. 라인가우는 모젤보다 작은 지역이라 품질이 상대적으로 균등하다. 로즈애플과 타이 재스민 향이 있고 금속성이 덜하며 입 속에서 원만하고 가득 찬 느낌을 준다. 모젤의 세부 지역 자아르Saar와 루버Ruwer에서는 미네랄 향은 덜하고 꽃 향이 더 많은 스타일도 생산된다. 이 지역에서도 몇몇 진취적인 와인 메이커들이 드라이 스타일인 트로켄troken을 만들기도 하지만, 대부분의 드라이 스타일은 남부의 바덴Baden같은 따뜻한 지역에서 생산된다.

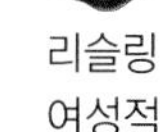

독일: 모젤, 라인가우

리슬링 중 가장 섬세하고 여성적이다. 라이트 바디이며 타이 재스민과 카피르 라임 향이 천상의 향기를 풍긴다.

왼쪽 페이지: 리슬링 향에 대한 묘사

1. 레몬 2. 꽃 3. 구아바 4. 패션프루트 5. 레몬그라스 6. 카피르 라임 7. 롱안 8. 로즈애플 9. 망고스틴

모젤과 라인가우 와인은 당도에 따라 크게 분류한다. 독일 품질 등급 체계 중 가장 드라이한 등급은 카비네트Kabinett이며 오프 드라이 스타일이다. 당도가 높아질수록 차례로 슈패트레제Spätlese(오프 드라이 또는 가벼운 단맛), 아우스레제Auslese(중간 단맛), 베렌아우스레제Beerenauslese/BA(단맛), 트로켄베렌아우스레제Trockenbeerenauslese/TBA(매우 단맛)로 구분한다. BA와 TBA는 깊은 황금색으로 보트리티스의 영향을 받아 풍만하며 마멀레이드 향이 난다. 이에 반해 아이스바인Eiswein/Icewine은 연한 레몬 색이며 꽃과 꿀 향이 응집되고 바디는 깔끔하다. 잔여 당분이 많고 농축되었지만 산미가 단단하여 단맛에 물리거나 와인이 무겁게 느껴지지 않는다.

아이스 와인은 독일과 오스트리아, 캐나다가 주 생산국이며 엄격한 규정에 따라 생산한다. 독일과 오스트리아에서는 포도 알이 얼면 −7도 이하에서 수확한다. 2005년 독일의 겨울은 기온이 충분히 내려가지 않아 아이스 와인을 생산할 수 없었다. 캐나다는 −8도나 그 이하에서 수확한다. 따라서 포도 수확은 한겨울에 하며 때로는 2월까지 기다려야 하기도 한다. 독일과 오스트리아 아이스 와인에 사용하는 품종은 대부분 리슬링이며 캐나다에서는 비달Vidal 품종을 사용한다. 아시아에는 유사 아이스 와인도 많으며, 특히 중국에서는 위의 세 나라 외 지역의 아이스 와인 라벨을 조심해야 한다.

독일: 라인헤센, 팔츠
독일의 따뜻한 지역에서 생산하는 리슬링은 표현이 풍부하다. 드라이 또는 스위트 스타일을 만들며 과일향은 로즈애플과 도넛복숭아 향으로 기운다.

독일: 라인헤센, 팔츠

팔츠Pfalz나 라인헤센Rheinhessen 지역의 리슬링은 꽃과 미네랄 향은 덜한 반면 패션프루트 같은 열대 과일향이 나타난다. 아주 드라이한 와인을 만들기도 하고 당분을 뚜렷이 남기기도 한다. 리슬링 특유의 신선한 산미가 분명히 나타난다. 드라이 스타일은 라이트 또는 미디엄 바디로 잘 익은 도넛복숭아와 로즈애플 향으로 가득 차 있다. 타이 재스민 향도 느낄 수 있으며 파삭한 산미가 조화를 이룬다. 과일향은 분명하고 조밀하나 알자스 리슬링의 풍부한 질감은 느낄 수 없다. 알코올 도수가 13도를 넘는 경우에도 금속성 산미와 미네랄 향으로 깔끔한 라이트 바디의 느낌을 준다.

그러나 팔츠와 라인헤센은 독일에서 가장 넓은 재배 지역으로 품질이 들쑥날쑥 할 수밖에 없다. 한편에서는 싸고 개성 없는 미디엄 스위트 와인을 대량 생산하며, 평범한 뮐러 투르가우Müller-Thurgau 품종과 블렌딩하기도 한다. 뮐러 카트와Müller-Catoir나 링겐펠더Lingenfelder, 닥터 버크린 울프Dr. Bürklin-Wolf, 브루더 닥터 베커Brüder Dr. Becker, 군더로크Gunderloch 등 생산자들은 풍부하고 풍미가 가득한 고급 와인을 만든다. 이들 고급 와인은 진한 아로마와 잘 익은 이국적 과일향을 풍기는 미디엄 바디 와인이다. 그러나 대부분은 립프라우밀히Liebfraumilch 같은 값싼 와인을 생산한다.

리슬링의 지역적 표현

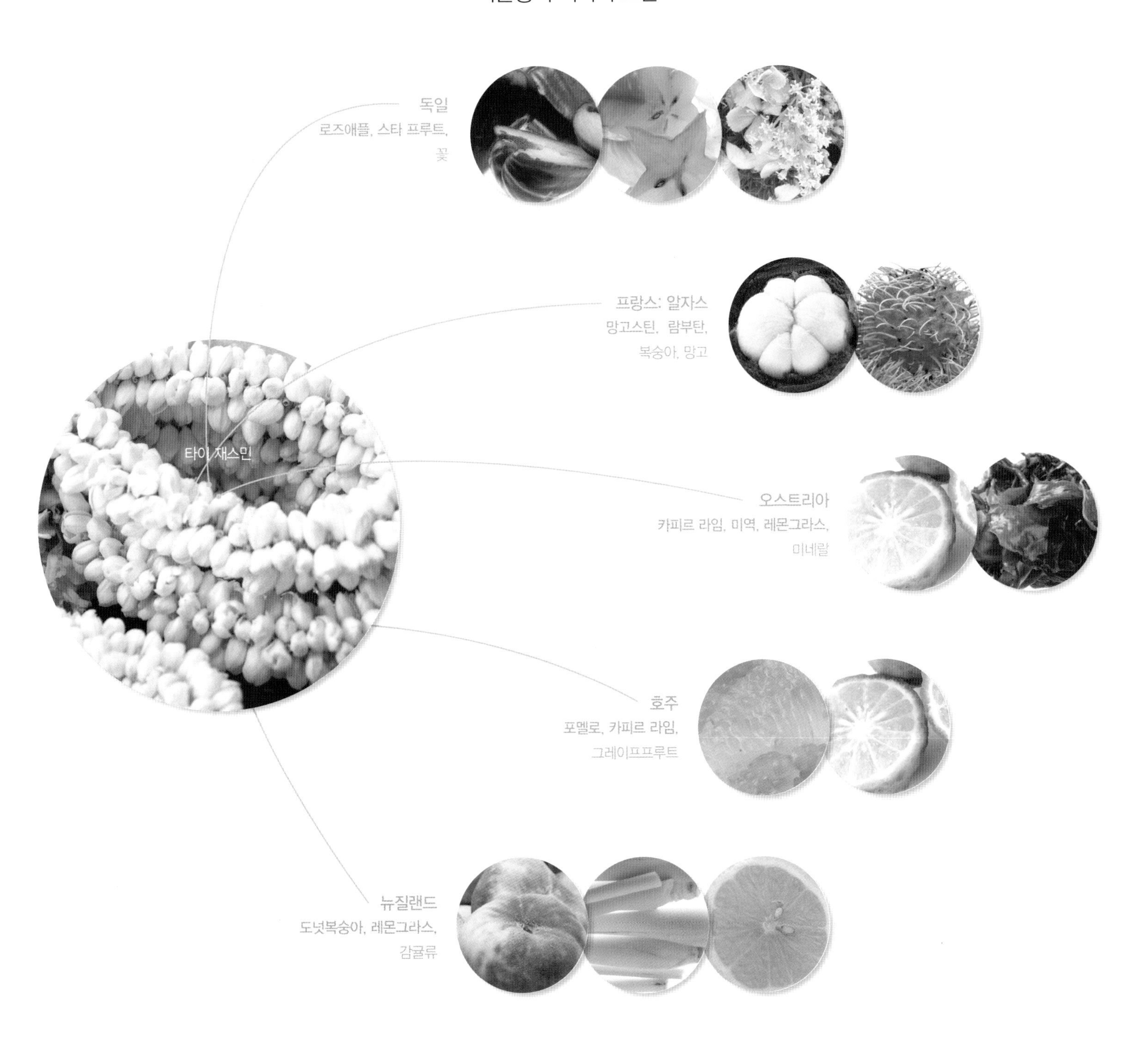
독일
로즈애플, 스타 프루트,
꽃
프랑스: 알자스
망고스틴, 람부탄,
복숭아, 망고
타이 재스민
오스트리아
카피르 라임, 미역, 레몬그라스,
미네랄
호주
포멜로, 카피르 라임,
그레이프프루트
뉴질랜드
도넛복숭아, 레몬그라스,
감귤류

프랑스: 알자스
알자스 리슬링의 풍부한 질감을 따라갈 수 있는 지역은 거의 없다. 람부탄과 망고스틴, 타이 재스민의 향미로 가득 찬 미디엄 바디 와인이다.

프랑스: 알자스

알자스는 다른 지역 리슬링이 따라갈 수 없는 깊이와 풍부함을 지니고 있다. 레몬 색으로 초록 색조는 거의 없다. 드라이하며 깔끔한 스타일로 미네랄 향과 꽃 향이 나타난다. 그랑 크뤼 밭의 포도로 만든 풀 바디 와인은 이국적인 망고스틴과 람부탄 향, 핵과 향과 꽃 아로마가 섞여 있다. 입 안에서는 중후한 무게감을 느낄 수 있으며 견고한 산도가 받쳐주는 강렬함과 농축미가 느껴진다. 해가 지나며 병 숙성되면서 질감은 매끄럽게 변하고 꿀이나 말린 과일향이 나타난다. 그러나 숙성된 리슬링의 대표적 향으로 꼽히는 휘발유 냄새는 독일 리슬링에 비해 약하게 나타난다.

늦게 수확하는 레이트 하비스트late-harvest 와인은 방당주 타르티브Vendange Tardive(VT), 또는 셀렉시옹 드 그랑 노블Sélection de Grains Nobles(SGN)로 표기하며, SGN은 가장 달고 진한 와인으로 마말레이드 향이 난다. VT는 이와는 달리 바디가 깔끔하며 해마다 보트리티스 영향을 받지 않기 때문에 달콤한 마말레이드 향이 없을 수도 있다.

오스트리아
드라이 와인으로 미네랄 향이 나며 간결한 스타일이다. 깔끔하고 단순하며 카피르 라임과 레몬그라스 향이 난다.

오스트리아

오스트리아 리슬링은 대부분 드라이하며 금속성의 미네랄 구조를 갖고 있다. 과일향은 깔끔하고 독일보다는 단순하다. 레몬그라스나 그레이프 프루트, 카피르 라임 향이 나며 감귤류와 허브 향미로 기운다. 따뜻한 지역에서는 로즈애플과 패션프루트 향이 드러난다. 드라이하고 깔끔한 리슬링을 원하면 미역과 미네랄 향이 있는 오스트리아 리슬링에서 얼마든지 고를 수 있다.

호주: 남 호주
남 호주의 전형적 스타일은 라이트 바디이며 단순하다. 강한 카피르 라임과 포멜로 향이 있으며 신선한 산미가 있다.

호주: 남 호주

남 호주의 고품질 리슬링은 클레어 밸리Clare Valley와 에덴 밸리Eden Valley에서 생산된다. 두 지역은 고도가 높아 온도가 낮고 포도 알이 서서히 익는다. 강한 포멜로 향과 카피르 라임 향으로 산미가 단단하며 라이트 바디이다. 클레어 밸리의 리슬링이 라임 향이 강하다면, 에덴 밸리 리슬링은 꽃과 복숭아 향이 강하다. 양 지역 모두 고급 독일 리슬링에서 오랜 병 숙성 후에 나타나는 휘발유 냄새를 영 와인일 때에도 느낄 수 있어 흥미롭다.

미국: 워싱턴 주

리슬링의 르네상스가 시작하는 단계라 아직도 스타일이 분명하게 보이지 않는다. 고품질은 라이트 바디의 드라이 와인으로 꽃 향과 도넛복숭아 아로마가 있고 산미가 상큼하다. 독일 모젤의 뛰어난 생산자인 닥터 루젠Dr. Ernst Loosen과 합작한 샤또 생 미셸Chateau Ste. Michelle의 리슬링은 독일 리슬링의 영향을 뚜렷하게 받았다. 최고품 에로이카Eroica는 강한 망고스틴과 꽃, 미네랄 향으로 서늘한 기후의 독일 리슬링과 비슷한 면모를 보인다.

미국: 워싱턴 주 좋은 품질의 리슬링이 서서히 나타나고 있다. 드라이한 아로마 라이트 바디 리슬링이다.

뉴질랜드

소비뇽 블랑과 샤르도네에 비해 적은 규모이지만 뉴질랜드는 남, 북 섬에 걸쳐 리슬링을 재배하고 있다. 남 섬의 가장 큰 재배 지역인 말보로Marlborough에서는 소수의 생산자들이 다양한 스타일을 만들고 있다. 꽃 향과 신선한 산미를 갖춘 깔끔하고 드라이한 스타일부터 잘 익은 도넛복숭아와 포멜로 향의 오프 드라이 스타일도 있다. 뉴질랜드 고유의 스타일은 아직 나타나지 않고 있지만, 가장 잘 농축된 드라이 스타일은 호주보다 알코올이 높고 잘 익은 무화과와 달콤한 필리핀 망고 향을 띈다. 달콤한 보트리티스와 레이트 하비스트late-harvest 리슬링도 만들지만 소량이라 아시아에서는 찾아보기 힘들다.

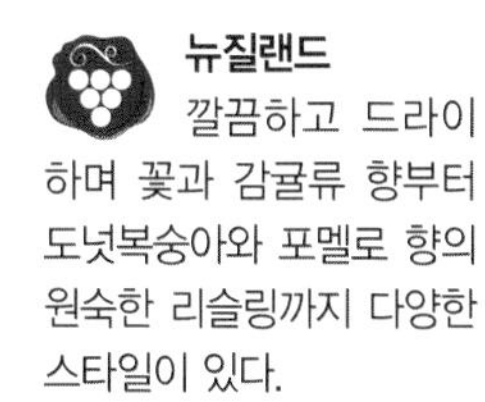

뉴질랜드 깔끔하고 드라이하며 꽃과 감귤류 향부터 도넛복숭아와 포멜로 향의 원숙한 리슬링까지 다양한 스타일이 있다.

세미용

특성
샤르도네와 비슷한 무게와 바디를 갖추었지만 그만한 평가를 받지 못하고 있다. 주로 드라이한 라이트 바디 와인을 만들며 장기 숙성이 가능하다. 달콤한 보트리티스 디저트 와인도 만든다.

세미용Sémillon은 황금 색깔의 포도로 다양한 스타일의 와인을 만든다. 보르도에서 널리 재배하고 있으며 호주에서는 중요한 품종이다. 깊은 레몬 색깔로 라놀린lanolin과 죽순, 말린 국화 향, 그리고 부드러운 산미와 무게 있는 미감은 예리하고 신랄한 소비뇽 블랑의 블렌딩 짝으로 적격이다. 세미용의 본고장은 보르도이지만 보르도 블렌딩에서는 소비뇽 블랑이 주 품종이며, 세미용은 무게와 복합성을 주는 보조 역할을 한다. 드라이 스타일은 소비뇽 블랑 편에서 자세히 설명한다.

세미용은 소비뇽과 블렌딩하여 스위트 와인을 만들기도 하지만, 특히 보트리티스 스위트 와인을 만드는 보르도의 소테른Sauternes과 바르삭Barsac에서 진가를 확인할 수 있다. 이곳에서는 세미용이 주 품종이며 소비뇽이 보조 역할을 한다. 세미용의 가장 큰 특성은 보트리티스 균이 잘 서식한다는 점이다. 얇은 포도 껍질에 노블 롯Noble rot이 쉽게 침투하며 향미와 산, 당분을 응축시켜 세계에서 가장 오래가는 황금색 스위트 와인을 탄생시킨다.

세미용의 무게와 원만한 성격은 통 숙성에도 이상적이다. 보르도의 고품질 드라이 화이트는 부분적으로 새 오크통에서 12개월 또는 그 이상 숙성한다. 고급 소테른은 최소 24개월 숙성시키며 품질이나 빈티지, 생산자의 선호도에 따라 숙성 기간이 달라진다.

세미용과 소비뇽을 블렌딩하는 보르도 스타일의 드라이 화이트는 호주 전역에서도 찾을 수 있다. 마가렛 리버Margaret River와 빅토리아Victoria에서 믿을 만한 품질의 와인이 생산된다. 세미용 단일 품종도 오크 향이 없는 단아한 스타일, 또는 오크 숙성한 풍부한 풀 바디 스타일 등을 만든다. 오크 향이 있

세미용의 구조

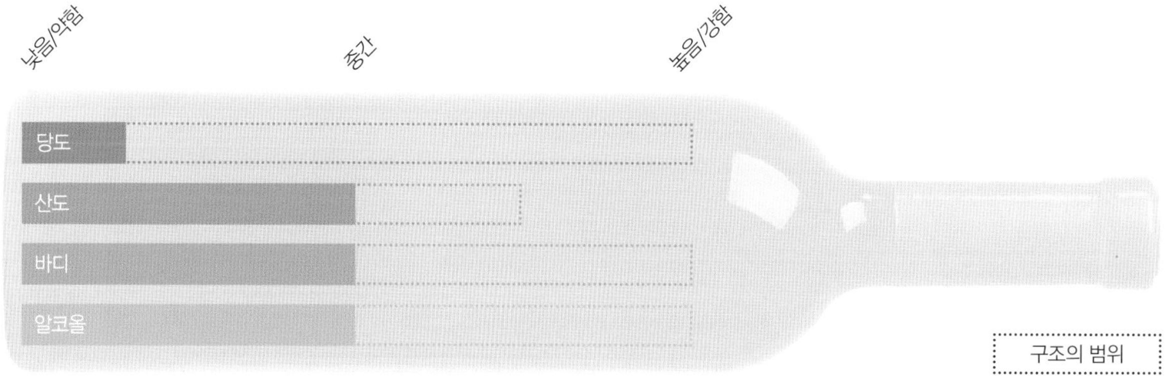

낮음/약함
중간
높음/강함
당도
산도
바디
알코올
구조의 범위

는 세미용은 샤르도네와 무게와 질감이 비슷하나 과일향이 덜하다.

호주 고유의 100퍼센트 세미용은 헌터 밸리Hunter valley에서 만든다. 수확을 빨리하고 오크 숙성을 하지 않으며 수명도 놀랄 만큼 길다. 연한 레몬 초록 색깔의 발랄한 와인은 어릴 때는 오래 가지 못할 것 같지만 병 숙성 10년이 지나면 꽃과 꿀 향의 복합적인 와인으로 변신한다. 어릴 때는 풀 향이 주를 이루어 소비뇽 블랑과 크게 구분되지 않는다.

호주의 소테른 타입 와인은 뉴 사우스 웨일즈New South Wales 지역의 관개를 한 따뜻한 포도밭에서 생산한다. 보트리티스 세미용으로 만들며 매우 달고 알코올이 낮은 스타일이 된다. 드 보르톨리De Bortoli의 수상 와인인 세미용 노블 원Noble One의 경우, 시음에 숙달된 사람들도 잘 익은 해의 잘 만든 소테른으로 오인할 때가 많다.

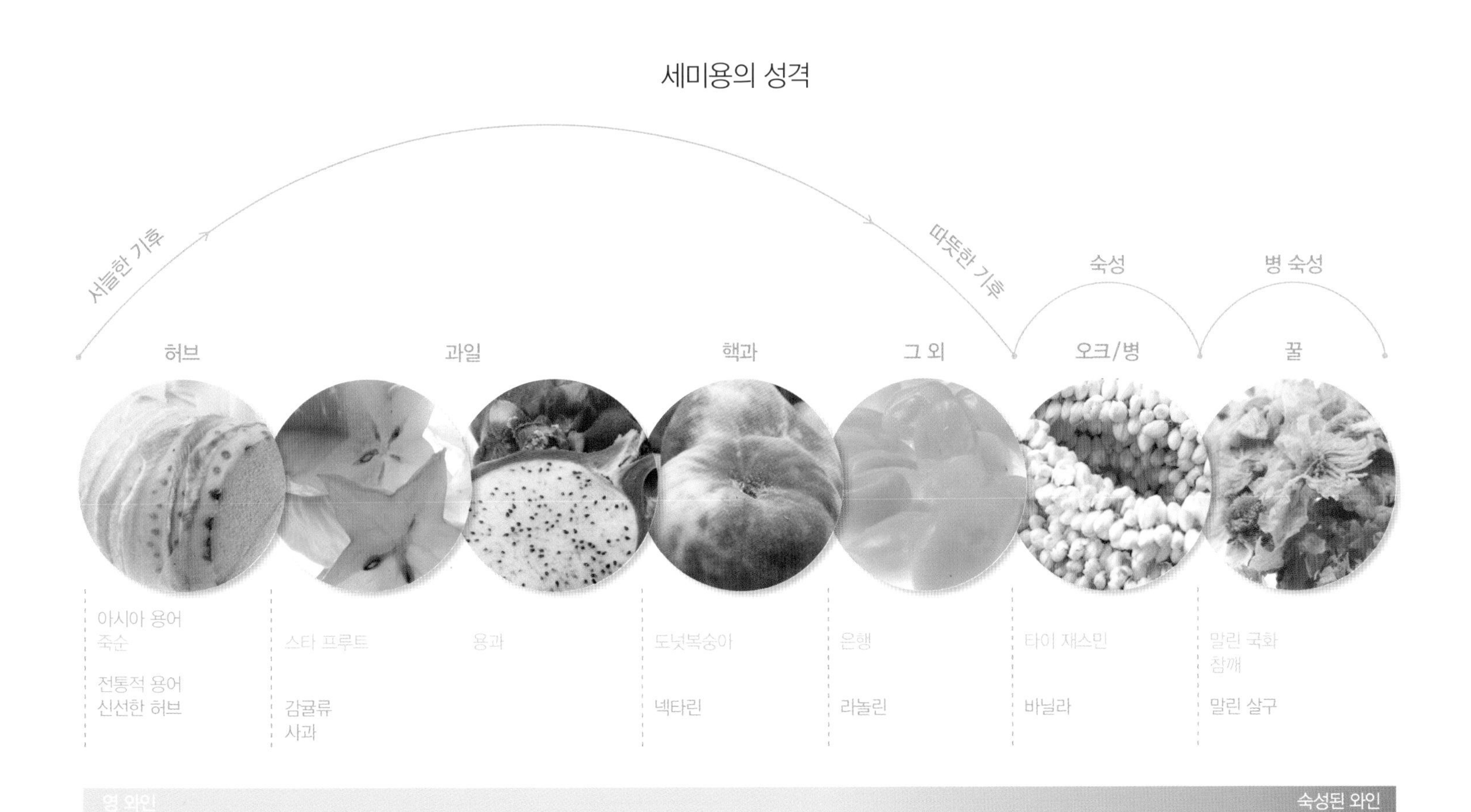

세미용의 지역적 특색

프랑스: 그라브, 뻬싹 레오냥

그라브 화이트는 드라이하며 오크 향이 있는 미디엄 바디이다. 풀과 스타 프루트 향이 나며, 새 오크통에 숙성하면 볶은 참깨 향이 나기도 한다.

프랑스: 그라브, 뻬싹 레오냥

보르도 드라이 화이트 와인에서 세미용의 역할은 활기찬 소비뇽 블랑을 부드럽게 만드는 것이다. 그라브 지역의 최고급 드라이 화이트는 뻬싹 레오냥Pessac-Léognan에서 생산되며 세미용은 소비뇽 블랑과 블렌딩에 소량 사용한다. 블렌딩한 와인은 흰 꽃과 스타 프루트, 로즈애플 향이 난다. 세미용을 블렌딩하면 색깔이 깊어지고 원만해지며 와인에 바디와 무게를 준다. 그라브 지역은 매우 넓어 품질이 좋은 드라이 와인, 오크통 숙성을 한 와인, 또는 전혀 하지 않은 와인 등 다양한 스타일을 찾을 수 있다. 바로 마시는 일상 와인은 앙트르 되 메르Entre-Deux-Mers 지역에서 생산한다.

프랑스: 소테른, 바르삭

놀랄 만큼 유질감이 있고 힘 있는 스위트 화이트와인을 생산한다. 보트리티스와 오크 숙성, 세미용 소비뇽 블랑 블렌딩으로 깊이와 복합성을 얻는다.

프랑스: 소테른, 바르삭

스위트 와인 아펠라시옹인 소테른과 바르삭도 보르도 지역 안에 있다. 이 지역 스위트 와인은 깊은 황금 색깔로 매혹적인 꿀 향과 달콤한 필리핀 망고 아로마를 지니고 있다. 보트리티스의 영향을 받은 세미용이 블렌딩의 대부분을 차지하며, 이는 와인에 무게와 복합성을 더하며 바디를 강하게 한다. 보트리티스 균은 세미용과 쉽게 어우러져 포도의 수분을 증발시키고 진한 황금빛의 농축된 과즙을 남긴다. 보트리티스 소비뇽 블랑과 블렌딩하여 작은 오크통에 24개월 정도 숙성시키면, 강렬한 아로마의 감미롭고 복합적인 풀 바디 스위트 와인이 된다. 최고품은 수십 년 장기 보관이 가능하다. 보트리티스 영향으로 높아진 산도는 와인의 단맛과 무게감에 산뜻한 균형감을 준다. 바르삭 와인이 상대적으로 바디가 약간 가볍고 농축도 덜하다. 다른 믿을 만한 보르도 스위트 와인 생산 지역은 생트 크루아 뒤 몽Sainte-Croix-du-Mont과 카디약Cadillac, 세롱Cerons이다. 남 프랑스의 몽바지약Monbazillac도 있다.

호주: 헌터 밸리, 빅토리아, 마가렛 리버

보르도 스타일을 모두 찾아볼 수 있다. 더운 지역에서는 호주만의 독특한 스타일 와인도 만든다.

호주: 헌터 밸리, 빅토리아, 마가렛 리버

헌터 밸리 세미용은 라이트 바디이며 알코올 함량이 낮고 오크 향 없는 화이트로 수명이 아주 길다. 티렐 배트 1번Tyrell's Vat 1과 마운트 플레전트 러브데일Mount Pleasant's Lovedale은 헌터 세미용도 수십 년 장기 보관될 수 있음을 보여준다. 포도를 일찍 수확하여 잠재적인 알코올 도수가 10~12퍼센트로 낮아지며 높은 산도가 유지된다. 병 속에서 처음 5년간은 중성적인 야채 향과 죽순, 레몬그라스 향이 난다. 그러나 세월이 갈수록 강렬한 꽃 향과 말린 과일, 꿀과 볶은 참깨 향의 진한 향미가 펼쳐진다. 어릴 때

오른쪽 페이지: 세미용 향에 대한 묘사

1. 은행 2. 흰 깨 3. 스타 프루트 4. 꽃 5. 타이 재스민 6. 신선한 죽순 7. 용과 8. 말린 국화

1
2
3
4
5
6
7
8

는 과일향이 단순하고 평면적인 라이트 바디의 드라이 화이트이지만, 10년 또는 그 이상이 지나도 병 속에서 피어날 수 있는 가능성이 숨어 있다.

따뜻한 남동 호주 지역은 훌륭한 보트리티스 스위트 와인으로 수상하는 반면, 서늘한 서 호주와 빅토리아 해변의 세미용 블렌딩 와인은 그라브Grave 스타일에 도전하고 있다. 최고품은 포멜로와 스타프루트의 활기찬 향미와 소비뇽 블랑의 풀 향을 느낄 수 있다. 오크 숙성한 스타일은 프랑스의 그라브나 빼싹 레오냥보다 알코올과 바디가 약간 높고 더 잘 익었다. 마가렛 리버Margaret River와 야라 밸리Yarra Valley 지역의 최고품은 감미로운 도넛복숭아 향으로 기울고 오크 향이 잘 스며들어 깊이와 복합성이 나타난다.

벌크 와인이 생산되는 남동 호주 넓은 지역에서는 달콤한 보트리티스 와인도 생산하여 인기를 끌고 있다. 블렌딩하지 않은 호주의 스위트 세미용은 바디가 더 두텁고 끈적이며 산도가 낮다. 보르도와 비교하면 오크통 숙성 기간이 소테른보다 일반적으로 짧다. 두 스타일의 중요한 차이는 당도이며 호주 세미용이 소테른보다 당도가 훨씬 더 높은 경우가 많다.

세미용의 지역적 표현

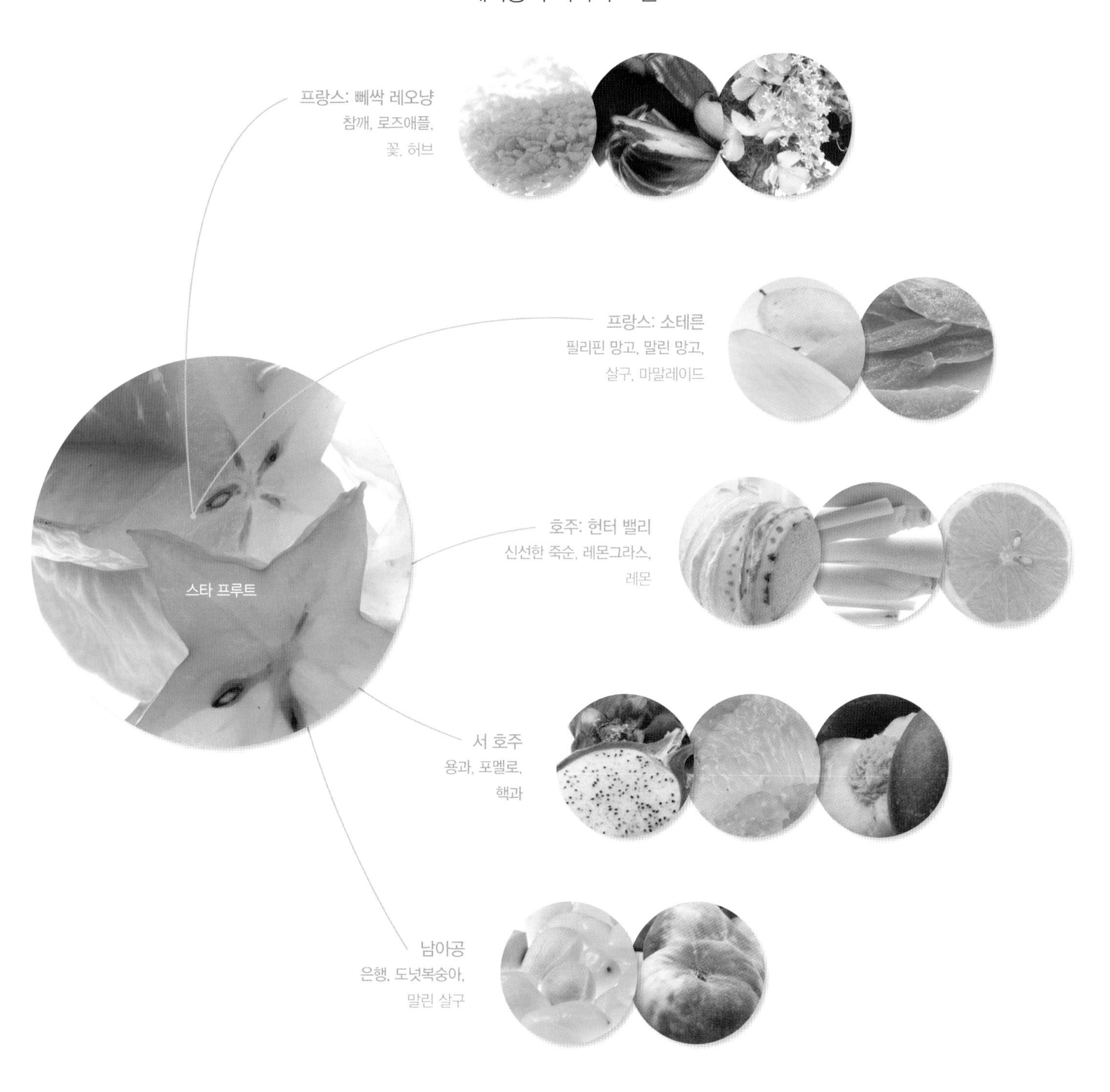

6 국제적 화이트 품종

피노 그리/피노 그리조

특성
가볍고 드라이한 라이트 바디 와인을 만든다. 꽃과 스파이스 향의 풀 바디 스타일로 된다. 산미는 강하지 않으나 알자스 지역에서 늦게 수확하여 만드는 스위트 와인은 수십 년간 보관할 수 있다.

피노 그리Pinot Gris는 피노 누아의 변종이며 한 때는 같은 포도밭에서 재배되기도 했다. 그 중 연두색 변종은 피노 블랑Pinot Blanc이라 부르고, 회색 또는 갈색을 띠는 핑크색 변종은 프랑스에서는 피노 그리, 이탈리아에서 피노 그리조Pinot Grigio라고 부른다.

피노 그리는 향미가 강하지 않으므로 오크 숙성을 하지 않아야 섬세한 아로마를 더 잘 보존할 수 있다. 지역과 수확 상태에 따라 단순하고 신선한 라이트 바디 화이트에서, 무게감을 느낄 수 있는 황금빛 풀 바디 와인도 만든다. 후자는 아로마가 강하게 나타나기도 하며 산미는 적당하고 상당히 복합적이다. 알자스처럼 온난한 지역에서는 꽃과 재스민 차 잎, 잘 익은 배 향이 나며 질감은 매끄럽다. 알자스 지역에서 늦게 수확하여 만드는 스위트 스타일은 풀 바디이며, 보트리티스의 영향으로 마말레이드 향이 나고 점성이 있다.

이탈리아의 피노 그리조 재배 지역은 알자스보다 훨씬 넓다. 단순한 감귤류와 포멜로, 신선한 중국 허브 향으로 과일향은 절제되었으며 산미는 예리하고 신선하다. 대부분 이탈리아의 북동 지역에서 재배되며 동북쪽 끝 트렌티노Trentino와 프리울리Friuli에서 좋은 품질의 와인이 생산된다. 아시아 배와 망고스틴 향이 나지만 깔끔한 라이트 바디로 알자스 피노 그리와 같은 유질감은 없다.

피노 그리조는 이탈리아 중부와 유럽 동부 특히 독일, 오스트리아, 슬로베니아, 루마니아에서 넓게 재배한다. 그러나 아시아에는 거의 수출되지 않고 있다. 신세계에서도 뉴질랜드와 캘리포니아, 오리건 주 등에서 점점 재배가 늘어나고 있다. 그러나 최근 재배를 시작하여 지역 고유의 스타일이나 성격은 아직 나타나지 않고 있다.

피노 그리의 구조

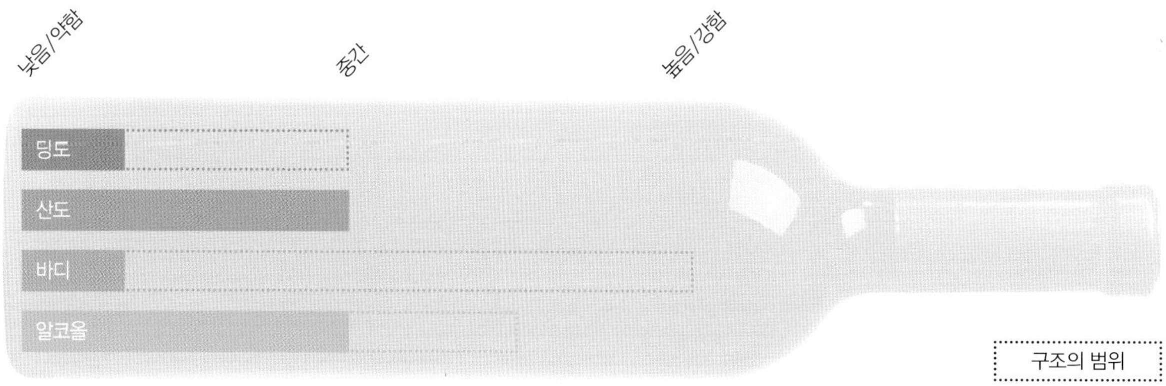

낮음/약함
중간
높음/강함
당도
산도
바디
알코올
구조의 범위

피노 그리의 지역적 특색

프랑스: 알자스

알자스의 피노 그리는 꽃과 스파이스, 중국 차 잎 등의 가장 화려한 향미를 보이며 풍부하고 깊이 있는 와인을 만든다. 포도의 성숙도와 수확 시기에 따라 아로마는 재스민 차 잎, 잘 익은 아시아 배, 망고스틴, 인동 덩굴 향 등 다양하게 나타난다. 레이트 하비스트late-harvest 스타일은 포도가 완숙될 때까지 기다려 늦게 수확하여 만드는 와인이며, 유질감이 있고 꿀 향과 중국 차 잎 향을 띤다. 미디엄에서 풍부한 풀 바디로 산도는 중간 정도 또는 낮은 편이다. 알자스의 그랑 크뤼 밭에서 생산하는 피노 그리는 풍미가 가장 복합적이고 풍부하며, 장기 보관이 가능한 와인이다.

프랑스: 알자스
아로마가 강하지 않고 오크 향도 없다. 이국적 과일향과 중국 차 잎, 잘 익은 배와 망고스틴의 향미가 있다.

피노 그리의 성격

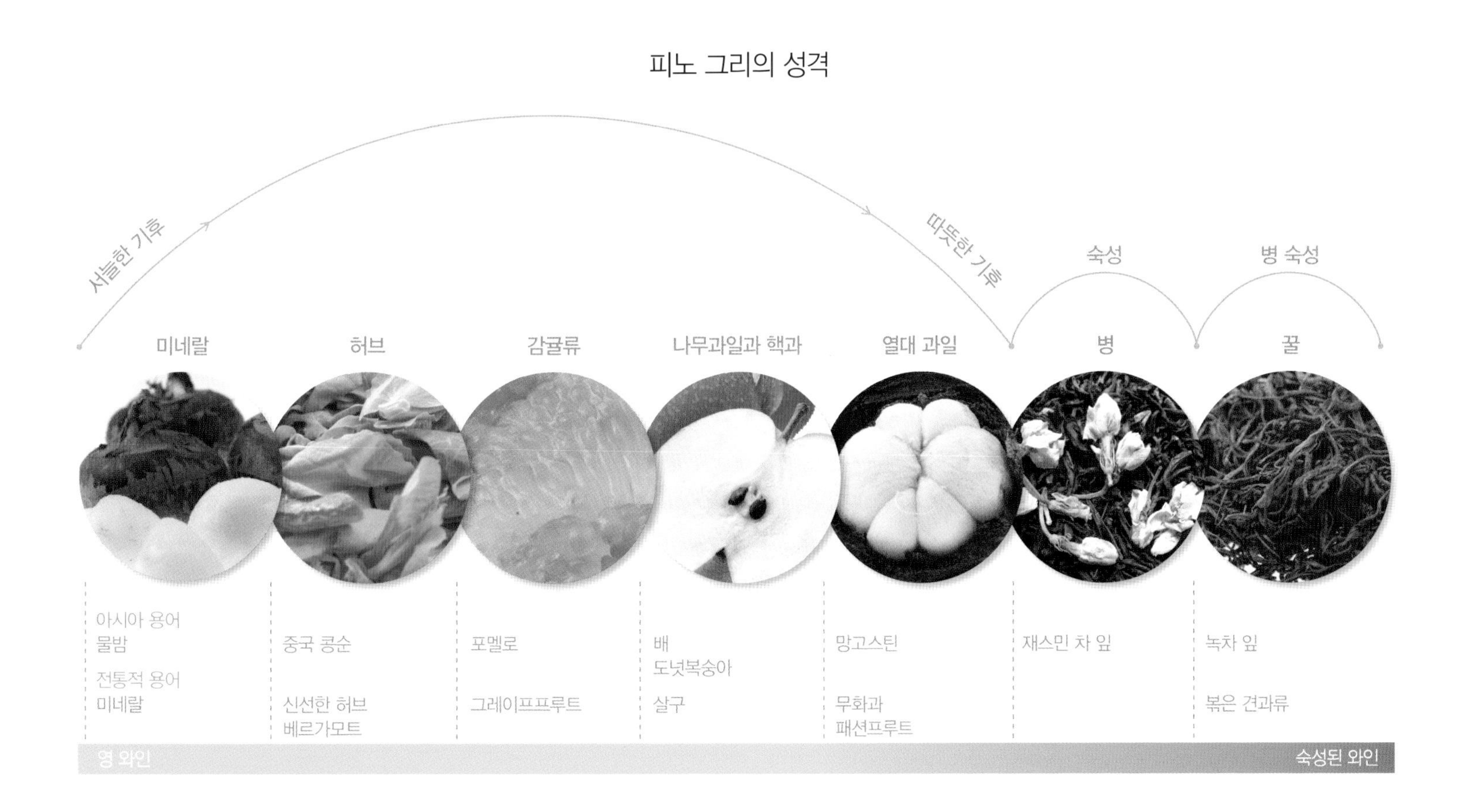

1
2
3
4
5
6
10
7
8
9
11

피노 그리의 지역적 표현

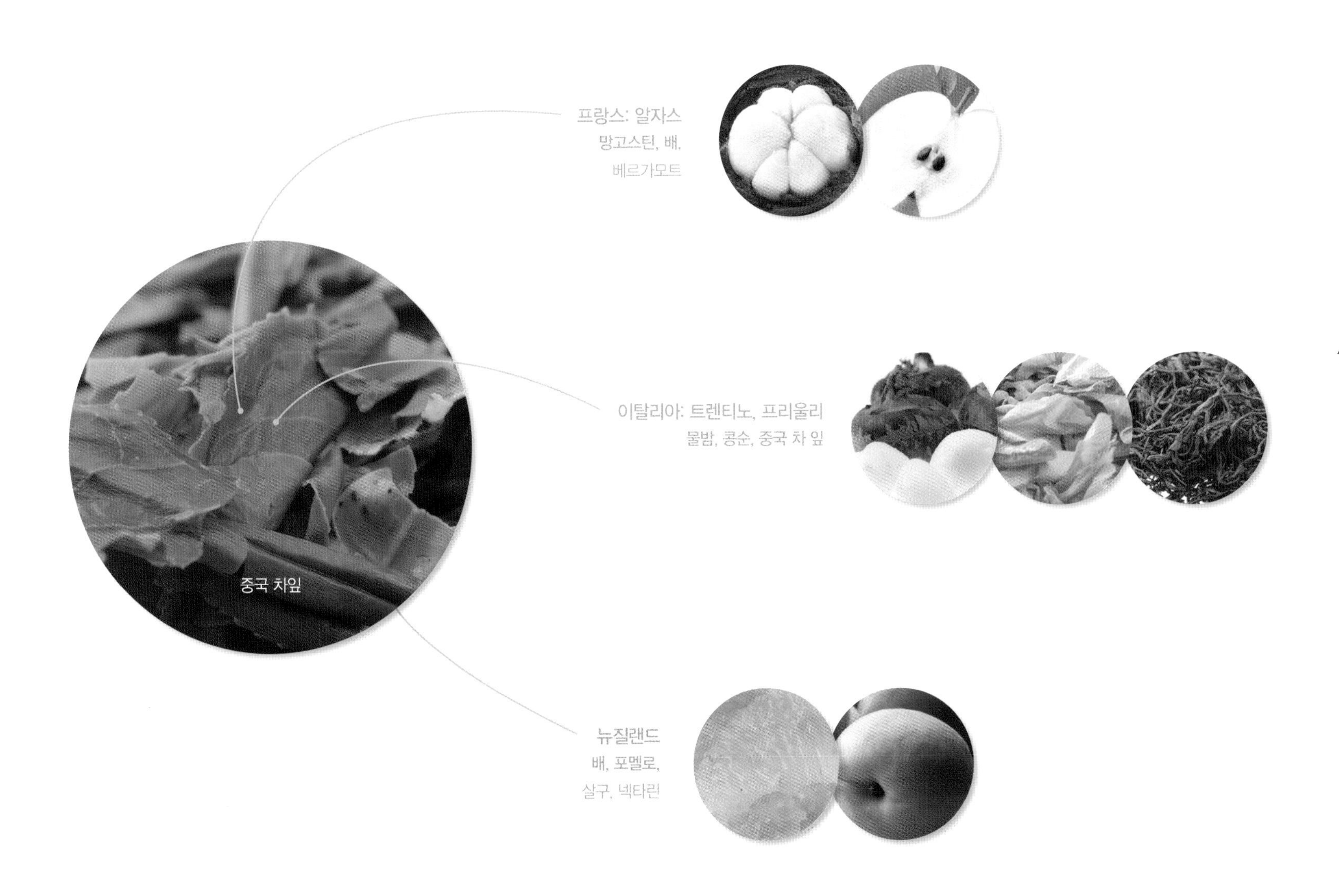

왼쪽 페이지: 피노 그리 향에 대한 묘사

1. 신선한 허브 2. 아시아 향신료 3. 녹색 채소 4. 포멜로 5. 중국 용정 차 잎(미 발효) 6. 무화과 7. 견과류 8. 패션프루트 9. 재스민 차 잎 10. 중국 녹차 잎 11. 배

이탈리아: 트렌티노, 프리울리
라이트 바디로 상쾌하고 알코올 함량은 높지 않다. 녹차 잎이나 물밤, 콩순같은 신선한 중국 야채의 향미가 있다.

이탈리아: 트렌티노, 프리울리

피노 그리조는 특별한 성격이 없는 단순한 라이트 바디 화이트로 간과하기 쉽다. 이탈리아의 지역 레스토랑에서 내놓는 하우스 화이트 와인은 평범한 그리조가 대부분이다. 그러나 라게이더Lageder, 프란츠 하스Franz Haas 등 고품질 생산자들은 과일향이 깊고 강렬한 피노 그리조를 만들어 주목 받고 있다. 평범한 피노 그리조는 파삭하며 가볍고 단순한 감귤류와 허브 향이 난다. 고품질은 녹차 잎의 은은한 향과 물밤water chestnut, 콩순Chinese pea shoots같은 신선한 중국 야채 향이 난다. 프리울리Friuli와 알토 아디제Alto Adige에서 좋은 품질을 생산한다. 프리울리는 라이트 바디로 상큼하며 신선한 야채와 감귤류, 미네랄 향이 있다. 알토 아디제와 트렌티노Trentino의 피노 그리조는 산도가 높고 깔끔하며, 알자스 피노 그리의 유질감은 느낄 수 없다.

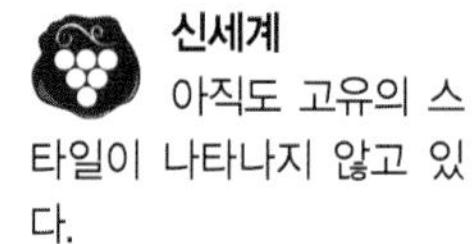

신세계
아직도 고유의 스타일이 나타나지 않고 있다.

신세계

뉴질랜드에서는 최근 피노 그리를 대량으로 심기 시작하고 있다. 스타일도 잘 익은 알자스 스타일부터 더 절제되고 파삭한 이탈리아의 라이트 바디 스타일까지 다양하게 만든다. 서늘한 지역이지만 햇볕을 보는 시간이 길어 이탈리아보다 일반적으로 더 잘 익은 포도를 얻을 수 있다. 과일향은 포멜로와 배, 살구, 패션프루트 향으로 기울며 풀 향이 스며 있다. 매우 드라이 한 스타일부터 오프 드라이 스타일까지 다양하다.

피노 그리는 오리건과 캘리포니아 전 지역에서도 재배가 증가하고 있다. 이는 미국 전역에 널린 이탈리아 레스토랑에서 인기가 있는 와인이기 때문이다. 서늘한 지역에서는 뉴질랜드와 비슷한 스타일이 되지만, 따뜻한 지역에서는 아직 알자스 피노 그리의 복합성과 깊이를 따라가지 못한다.

"현자는 남들이 못 보는 것을 보며, 천재는 남들이 모르는 것을 안다."

손자

토착 품종

Chapter 7

토착 품종

국제적 품종과 토착 품종의 차이는 한 품종이 태생지 외에서도 재배되며 국제적 평판을 얻고 있는가에 따라 결정되는 것같다. 토착 품종은 재배 지역이 비교적 제한되어 세계적으로 널리 재배되지 못한 품종이다. 와인을 만드는 포도 품종은 수천 종이며, 이탈리아와 스페인은 수세기에 걸쳐 수많은 토착 품종들이 재배되고 있었다. 프랑스는 그중 좋은 품종을 선택하여 몇 백 종으로 줄였으며, 대부분의 국제적 품종은 프랑스가 고향이다. 따라서 이탈리아와 스페인, 포르투갈 와인을 알기 위해서는 토착 품종들의 재배 지역을 익히는 전통적 학습 방법이 오히려 쉽다.

신세계는 대부분 지난 30~40년 사이에 와인 산업이 시작되었기 때문에, 대개는 잘 알려진 국제적 품종 위주로 포도밭을 조성하였다. 신세계 생산자들은 라벨에 포도 품종을 표기하여 소비자가 와인을 쉽게 선택할 수 있게 했다. 따라서 잘 알려진 10대 국제적 품종이 중심이 되었으며 토착 품종은 자연히 제외되었다. 중국도 포도밭이 급속히 늘어나면서 세계 와인 생산국 10위 안에 들게 되었으나, 대부분의 지역에서 카베르네 소비뇽과 메를로만을 재배한다.

새로 입문하는 아시아 애호가들에게는 퓔리니 몽라셰Puligny-Montrachet나 꼬뜨 로티Côte-Rôtie라는 어려운 지역 명보다, 샤르도네 또는 시라Syrah/쉬라즈Shiraz라는 품종 명이 훨씬 쉽게 다가온다. 레스토랑의 와인 리스트나 상점 진열장에도 국제적 주요 품종들로 만든 와인이 주종을 이루며 토착 품종은 아주 작은 자리를 차지한다. 마케팅 경쟁에서도 토착 품종이 불리할 수밖에 없다.

따라서 7장에서 소개하는 와인들도 토착 품종 전체를 포괄하여 설명하기보다는 아시아에서 일상적으로 만날 수 있는 낯익은 품종에 초점을 맞추었다.

각 품종 아래에 아시아 용어를 소개하고 이를 찾아 볼 수 있는 지역을 다음과 같은 순서로 열거하였다.

국가/지역－생산지

레드

알리아니코Aglianico

이탈리아 남부 지방에 널리 재배되는 품종이지만, 따뜻한 기후에 비해 놀랄 만큼 우아한 와인을 만든다. 석류석 색으로 그다지 진하지 않아 더운 지역 태생이라는 느낌을 주지 않는다. 더운 캄파냐 지역의 걸쭉한 와인과는 전혀 다르다. 그러나 미감으로는 따뜻한 지역의 와인임을 느낄 수 있다. 말린 산사나무 열매와 매우 잘 익은 자두 향이 난다. 다른 이탈리아 레드와 마찬가지로 먼지 같은 흙내가 느껴지며 타닉한 피니시가 있다.

아시아 용어: 말린 산사나무 열매

이탈리아/캄파냐Campania–타우라지Taurasi/바실리카타Basilicata–알리아니코 델 불투레Aglianico del Vulture

바르베라Barbera

전통적으로 피에몬테에서는 좋은 밭은 네비올로에 내주고 남은 지역에 바르베라를 심었다. 항상 네비올로에 비교하여 매력이 덜한 동생으로 포도의 성숙도나 향의 농축도 덜하다. 그러나 바르베라를 아끼는 생산자들이 늘어나며 새 오크통에 숙성하는 등 현대적 양조법으로 좋은 성과를 얻고 있다. 최고품은 색깔이 깊은 풀 바디로 체리 향과 붉은 작약 뿌리의 타닉한 흙내를 풍긴다. 새 오크통에 숙성하면 바닐라와 스파이스 향이 더해진다.

아시아 용어: 작약 뿌리

이탈리아/피에몬테–바르베라 달바Barbera d'Alba, 바르베라 다스티Barbera d'Asti

카베르네 프랑 Cabernet Franc

화려한 카베르네 소비뇽의 그늘에 가려 진면목을 나타내지 못한다. 홀로서기보다는 블렌딩 파트너로서 역할이 더 많다. 카베르네 프랑 고유의 연필심 냄새와 숲속의 향기가 있으며 메를로와 잘 어울린다. 최고품은 보르도 생테밀리용의 석회석 토양에서 난다. 유명한 슈발 블랑Cheval Blanc과 레방질l'Évangile은 카베르네 프랑 위주의 블렌딩을 한다. 덜 익으면 풋고추나 강한 야채 향이 나며 잘 익으면 대추 향이 난다.

아시아 용어: 대추

프랑스/보르도–생테밀리용Saint-Émilion, 포므롤, 프롱삭Fronsac/루아르–투렌Touraine, 시농Chinon, 부르괴이Bourgueil, 소뮈르Saumur, 앙주Anjou

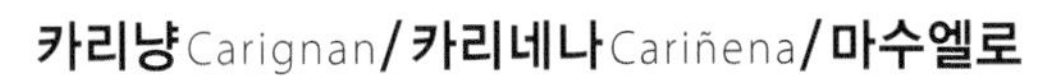

카리냥Carignan/**카리네나**Cariñena/**마수엘로**Mazuelo

카리냥은 스페인 토착 품종으로 카리네나 또는 마수엘로라고도 알려져 있다. 실제로는 남 프랑스에서 가장 많이 재배한다. 카리냥은 생기 있는 과일향이 가득한 레드와인이 된다. 제대로 만들지 못하면 싱겁고 평범하여 뽑혀나가기 쉽다. 최고품은 척박한 토양의 오래된 고목에서 수확한 포도로 만들며 중국의 말린 허브와 블랙베리 향이 난다. 남 프랑스에서는 그르나슈와 무르베드르, 시라와 블렌딩하며 블렌딩에 중요한 역할을 한다.

아시아 용어: 중국 말린 허브

프랑스/랑그독 루시용Languedoc-Roussillon−피투Fitou, 코르비에르Corbières, 미네르부아Minervois, 꼬또 뒤 랑그독Côteaux du Languedoc

까르메네르Carmenère

1990년대 중반까지만 해도 칠레에서는 메를로와 까르메네르가 구분되지 않았다. 지금은 카베르네 소비뇽이나 메를로처럼 까르메네르도 라벨에 표기하며 와인 시장의 일부를 당당히 차지하고 있다. 두 주요 경쟁 품종은 서로 닮은 점도 많다. 까르메네르는 카베르네 소비뇽의 말린 대추와 메를로의 홍시 향이 나며, 메를로보다는 타닌이 더 강하고 카베르네 소비뇽보다는 야채 향이 더 난다. 최고품은 메를로보다 강한 타닌 구조로 말린 대추의 단맛이 난다.

아시아 용어: 말린 대추

칠레/콜차과 밸리Colchagua Valley−라펠 밸리Rapel Valley

코르비나Corvina

이탈리아 북부 베네토를 중심으로 생산되는 레드 품종이다. 몰리나라Molinara, 론디넬로Rondinello와 블렌딩하므로 코르비나 자체의 향을 분간하기는 어렵다. 블렌딩하는 품종들의 단순함에 비해 코르비나는 색깔이 검고 말린 구기자 향이 나며 복합성이 있다. 발폴리첼라 지역의 코르비나는 미디엄 바디의 소탈한 와인으로 이탈리아 여러 음식들과 잘 어울린다. 코르비나를 건조시켜 만드는 아마로네Amarone는 단팥 앙금 향미가 있으며 풀 바디로 알코올이 높다. 코르비나로 만든 레초토Recioto는 색깔이 진하고 감미로운 스위트 레드와인이다.

아시아 용어: 말린 구기자, 단팥 앙금

이탈리아/베네토−발폴리첼라Valpolicella, 아마로네 델라 발폴리첼라Amarone della Valpolicella, 레초토 델라 발폴리첼라Recioto della Valpolicella, 바르돌리노Bardolino

레드

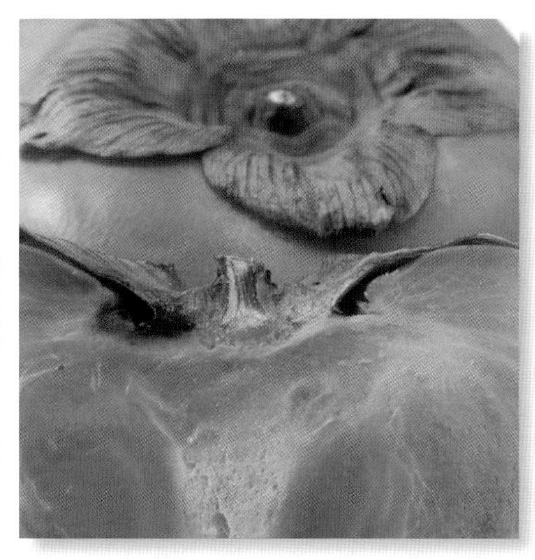

돌체토Dolcetto

돌체토는 이탈리아어로 '작고 달콤한'이란 뜻이다. 같은 피에몬테 지역에서 자라지만, 타닌이 높고 복합적인 풍미의 중후한 네비올로와는 다르다. 돌체토는 색깔이 더 짙은 편이며 과일향이 생기가 있다. 이름에 맞게 달콤하고 잘 익은 구기자 향이 가득하고 타닌은 온건하며 미디엄 바디이다. 바로 마시는 와인으로 피에몬테 음식과 잘 어울린다.

아시아 용어: 구기자

이탈리아/피에몬테–돌체토 달바Dolcetto d'Alba, 돌체토 다스티Dolcetto d'Asti

가메Gamay

가메는 연한 루비 자주색으로 기쁨과 젊음을 발산한다. 단순하며 바로 즐거움을 주는 보졸레를 만든다. 보졸레 누보Beaujolais Nouveau는 체리 풍선껌과 단 과자 향미가 난다. 플뢰리Fleurie와 물랭 아방Moulin-à-Vent 등 크뤼 포도밭의 중후한 와인은 꼬뜨 드 본Côte de Beaune의 피노 누아와 유사하다. 가메는 라이트에서 미디엄 바디로 타닌이 낮으며 산도는 높고 신선하다. 양메이와 체리 향이 난다. 루아르 밸리 가메는 스파이스 향이 더 진하며 타닌이 단단하고 산도도 높다.

아시아 용어: 양메이

프랑스/보졸레–보졸레, 보졸레 빌라주Beaujolais Villages, 생타무르Saint-Amour, 줄리에나Juliénas, 셰나Chénas, 물랭 아 방, 쉬루블르Chiroubles, 플뢰리, 모르공Morgon, 레니에Régnié, 꼬뜨 드 브뤼이Côte de Brouilly/루아르–투렌Touraine

말벡Malbec

말벡은 보르도 품종이지만, 20세기 초 필록세라phylloxera가 퍼진 후 거의 밀려났다. 말벡 최고품은 프랑스 남서부 카오르 지역과 아르헨티나 멘도사의 고도가 높은 지역에서 생산된다. 보르도 지역에서도 아직 소규모로 재배되고 있다. 색깔이 짙고 촘촘하며 재스민과 감, 블랙베리 아로마가 나며 타닉하다. 일상 와인은 투박하고 타닌이 거칠며 단순한 검은 베리류 향이다. 아르헨티나 말벡은 르네상스를 맞아 최근 인기를 끌고 있으며, 더 잘 익고 강한 개성을 나타내는 와인을 생산하고 있다.

아시아 용어: 감, 재스민

프랑스/보르도–카오르Cahors, 꼬뜨 드 부르그Côtes de Bourg, 프르미에 꼬뜨 드 블라이Premières Côtes de Blaye

아르헨티나/멘도사Mendoza

무르베드르Mourvèdre/**모나스트렐**Monastrell/**마타로**Mataro

무르베드르는 깊은 석류석, 또는 루비 색깔로 말린 대추와 흙내가 난다. 최고품에서는 목이 버섯과 송로 버섯 향이 나지만, 대부분은 단순한 블랙베리 향으로 거칠고 투박하며 타닉한 피니시가 있다. 알코올 도수가 높아질 수 있고 타닌도 강하다. 시라와 그르나슈 등 다른 품종과 블렌딩하면 모난 성격이 다듬어진다. 스페인에서는 모나스트렐, 그리고 호주와 캘리포니아에서는 마타로라고 부른다.

아시아 용어: 말린 대추, 목이 버섯

프랑스/남부 론–꼬뜨 뒤 론, 꼬뜨 뒤 론 빌라주Côtes du Rhône Village, 바케라스Vacqueyras, 지공다스Gigondas, 샤또뇌프 뒤 파프Châteauneuf-du-Pape, 리락Lirac/랑그독 루시용Languedoc-Roussillon–방돌Bandol
스페인/발렌시아Valencia–알리칸테Alicante

네비올로Nebbiolo

바롤로와 바르바레스코를 만드는 피에몬테 지역의 네비올로는 이탈리아 최고의 레드 품종임이 분명하다. 연한 색깔로 꽃 향이 나며 내면에 숨어 있는 힘을 끌어내려면 오랜 숙성이 필요한 와인이다. 네비올로의 연한 석류석 색깔은 갈색으로 변하기 쉽고 바래는 경향이 있다. 현대적 스타일로 추출을 강하게 하고 통 숙성을 짧게 하면 색깔이 더 깊어질 수 있으나 맛이 더 진해지지는 않는다.

바롤로는 분홍색 모란이나 장미 향에서 체리와 목이 버섯, 타르, 감초 향까지 여러 가지 향을 지닌다. 네비올로 포도 자체는 과일향이 뚜렷하거나 향미가 강하기보다 풍미가 다양하며 꽃 향에 가깝다. 타닌의 단단한 구조와 신선한 산미를 갖춘 독보적인 품종으로 이탈리아에서 가장 수명이 긴 와인을 만든다.

영 네비올로 기본 와인은 힘차고 강렬하다. 높은 알코올과 산도가 입 안을 감싸는 얼얼한 타닌을 받쳐주는 풀 바디 와인이다. 네비올로는 색깔과 아로마, 구조 등 어느 면으로보나 세계에서 가장 우수한 포도 품종에 속한다. 모란꽃 향과 체리 향은 병 숙성 후 10~20년이 지나면 말린 달콤한 과일향으로 변하며 타르와 스모크, 말린 버섯 향이 난다. 바르바레스코는 바롤로보다 가볍고 깊이와 농축도가 약하다. 캘리포니아와 호주에서 소량 재배하지만 이탈리아만큼 인정받지 못하고 있다.

아시아 용어: 모란꽃, 목이 버섯, 말린 버섯

이탈리아/피에몬테–바롤로Barolo, 바르바레스코Barbaresco

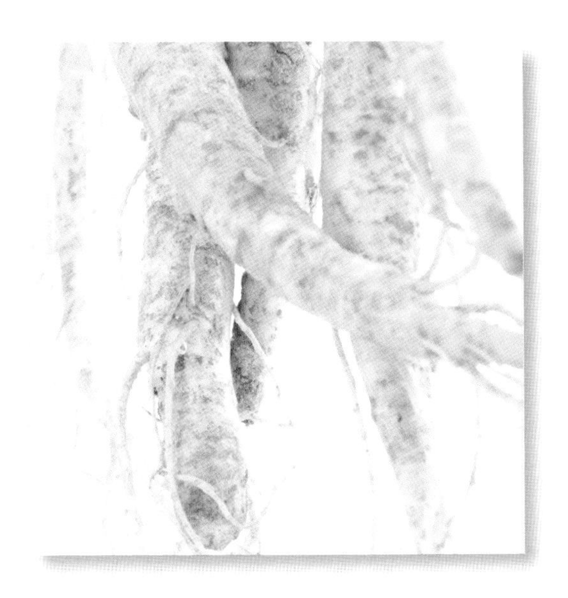

피노타지Pinotage

피노타지는 남아공 고유의 품종으로 피노 누아와 생소Cinsault의 교잡으로 만들어졌다. 색깔이 깊고 타닉한 풀 바디 와인으로 최고품은 구세계의 구조와 신세계의 잘 익은 검은 과일향을 아우른 것 같다. 역사적으로 피노타지는 소박한 풀 바디 레드와인으로 흙내와 헛간, 스모키한 냄새로 많은 관심을 끌지 못했다. 그러나 인종 차별 정책이 철폐된 후 품질이 극적으로 향상되었다. 복합적인 인삼 향과 스파이스 향이 나며 잘 익은 블랙베리 향이 난다.

아시아 용어: 인삼

남아공/스텔렌보쉬Stellenbosch/팔Paarl

산조베제Sangiovese/**브루넬로**Brunello/**모렐리노**Morellino/**프루뇰로 젠틸레**Prugnolo Gentile

대부분 토스카나 와인은 산조베제를 기본으로 한다. 이탈리아 전역에서 재배하며 지역마다 다른 이름으로 불린다. 브루넬로 디 몬탈치노와 비노 노빌레 디 몬테풀치아노는 장기 보존의 잠재성과 복합성을 보여준다. 브루넬로 디 몬탈치노가 깊이와 강한 과일향이 있다면 비노 노빌레 디 몬테풀치아노는 섬세하고 미묘하다. 티냐넬로Tignanello와 솔라야Solaia 같은 고급 수퍼 투스칸Super Tuscan은 카베르네 소비뇽과 산조베제를 블렌딩하여 만든 토스카나의 현대적 와인이다.

그러나 산조베제는 재배하기 까다로운 포도로, 이웃 사촌인 네비올로처럼 정해진 곳에서만 잘 자란다. 품질과 스타일의 차이도 크며, 기본급 산조베제는 단순하고 새콤한 체리 향이 나며 타닌은 거칠고 흙내가 난다. 고급 산조베제는 오크 숙성한 레드로 대추와 말린 중국 허브 향이 나며 수명이 길다.

브루넬로 몬탈치노에 비하여 키안티의 기본급 와인은 복합성이 덜하고 소박하다. 고급품은 조이는 듯한 타닌과 단단한 산미가 있으며 구조가 강하고 수명이 길다. 아르헨티나와 캘리포니아, 호주에서도 소량 재배한다.

아시아 용어: 대추, 말린 중국 허브

이탈리아/토스카나-키안티 클라시코Chianti Classico, 브루넬로 디 몬탈치노Brunello di Montalcino, 비노 노빌레 디 몬테풀치아노Vino Nobile di Montepulciano, 루피나Ruffina, 콜리 세네지Colli Senesi

레드

템프라니요Tempranillo/틴타 호리즈Tinta Roriz

템프라니요는 스페인에서 가장 중요한 레드 품종으로 리오하와 리베라 델 두에로가 주산지이다. 스페인에서는 틴토 피노Tinto Fino, 틴토 델 파이스Tinta del Pais, 틴타 델 토로Tinta del Toro, 센시벨Cencibel 등 지방마다 다른 이름으로 부른다. 바랜 석류석 색깔이며 오크 숙성을 하면 깊고 불투명한 루비 색깔이 된다. 단순한 스타일은 즙 많은 딸기 향이며 타닌은 강하지 않다. 오래 숙성하는 중후한 스타일은 홍시와 바닐라, 담배, 스파이스 향이 나며 타닌은 단단하다. 템프라니요는 미디엄에서 풀 바디이며 산도와 타닌은 중간이나 강한 편이고 타닌의 질감이 가루와 같이 느껴진다.

리오하에서는 블렌딩하는 주품종으로 꼽히며 그르나슈나 카리냥, 그라시아노Graciano와 블렌딩한다. 리오하 와인은 오크와 친한 템프라니요의 성격을 분명히 드러낸다. 미국 오크통과 잘 맞으며, 그란 레세르바Gran Reserva는 오크와 병 숙성 기간이 최소 5년이다. 가죽과 녹차 잎, 달콤한 코코넛 향을 느낄 수 있다. 베가 시칠리아Vega Sicilia의 고향이기도 한 리베라 델 두에로의 고급 템프라니요는 강한 구조와 복합미를 갖추고 수명도 엄청나게 길다.

아르헨티나에도 템프라니요를 심지만 인기는 그다지 높지 않다. 포르투갈에서는 틴타 호리즈Tinta Roriz 또는 아라고네Aragonés라 부른다. 랑그독 루시용과 캘리포니아, 호주에서도 재배한다.

아시아 용어: 감, 중국 녹차 잎

스페인/에브로 강 상류Upper Ebro–리오하, 나바라/두에로 밸리Duero Valley–토로Torro, 리베라 델 두에로Ribera del Duero/메세타Meseta–라 만차La Mancha, 발데페냐스Valdepeñas
포르투갈/도우루Douro/다웅Dão
아르헨티나/멘도사Mendoza

진펀델Zinfandel/프리미티보Primitivo

캘리포니아 진펀델이나, 프리미티보라 알려진 이탈리아 진펀델은 아시아에서는 잘 알려진 품종이 아니다. 그러나 미국에서는 연한 핑크색 미디엄 스위트 와인부터 중후한 깊은 루비 색깔의 풀 바디 레드까지 다양한 스타일이 있다. 미국의 최고품은 소노마와 센트럴 코스트의 서늘한 지역에서 생산된다. 타닌이 단단하며 풀 바디로 단팥 앙금과 비슷한 향미가 난다. 이탈리아의 풀리아에서는 단팥죽 향과 함께 흙내와 풍미가 더해진다.

아시아 용어: 단팥죽

미국/캘리포니아–소노마, 시에라 풋힐스Sierra Foothills, 산타 크루즈Santa Cruz, 센트럴 밸리
이탈리아/풀리아Puglia

알바리뇨Albariño

스페인의 화이트 중 가장 아로마 있는 품종으로 사랑을 받고 있다. 꽃 향과 복숭아 향이 비오니에와 비슷하지만, 유질감이 없고 산도는 적당하다. 알바리뇨는 거의 미디엄 바디의 오크 향 없는 와인을 만들며 파삭한 산미가 있다. 누리장나무 향을 띠고 잘 익은 복숭아 향이다.

아시아 용어: 누리장나무

스페인/갈리시아Galicia–리아스 바이사스Rias Baixas
포르투갈/북부 포르투갈–비뉴 베르드Vinho Verde

슈냉 블랑 Chenin Blanc/**스틴**Steen

슈냉 블랑은 고전적인 주요 품종에 속하지만 아시아에서는 잘 알려지지 않아 토착 품종으로 분류된다. 와인 전문가들은 슈냉 블랑의 장기 보존 가능성과 다양성을 높이 평가한다.

루아르Loire의 슈냉 블랑은 다양한 스타일의 와인을 생산한다. 라이트 바디로 미네랄과 로즈애플 향이 나는 드라이 스타일부터 오프 드라이, 스위트 스타일까지 있다. 늦게 수확한 슈냉 블랑은 꿀과 익힌 사과 향이 나며 수십 년 숙성이 가능하다. 루아르에서는 부브레와 사브니에르가 드라이 와인으로 유명하며 보트리티스 스위트 스타일로는 본조, 카르 드 숌 와인이 고품질이다.

신세계에서는 남아공과 캘리포니아에 많이 심었으며, 수확량이 많아 이름 없는 벌크 와인 생산에 대량 사용한다. 따뜻한 지역에서는 자연적인 상큼한 산미가 있어 일상 와인으로 매력이 있다. 남아공에서는 신선한 미디엄 바디의 드라이 스타일을 만들며, 그레이프프루트와 로즈애플 향이 난다. 루아르에 비하면 신세계의 슈냉 블랑은 바디가 더 풍만하며 알코올은 높고 산도는 낮다. 남아공에서는 스틴Steen이라고 부른다.

아시아 용어: 로즈애플

프랑스/루아르–투렌Touraine, 부브레Vouvray, 소뮈르Saumur, 앙주Anjou, 꼬또 뒤 레용Coteaux du Layon, 사브니에르Savennières, 본조Bonnezeaus, 카르 드 숌Quarts de Chaume
남아공/해변 지역

화이트

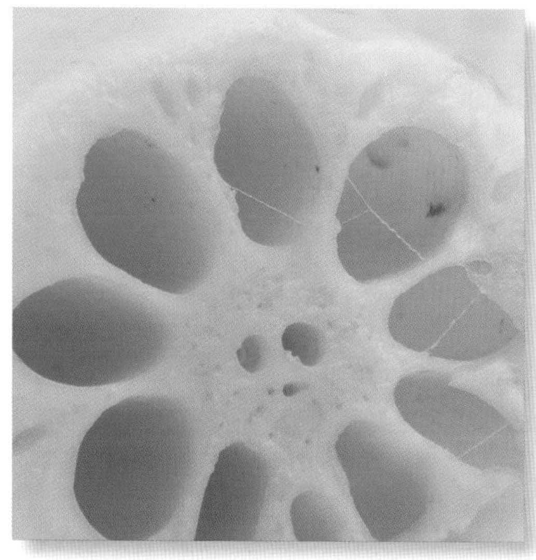

코르테제Cortese

이탈리아 화이트 품종으로 매우 중성적이지만 트레비아노Trebbiano보다는 개성이 있다. 잘 만들면 신선한 물밤 향이 나며 알코올 함량이 적당한 와인이 된다. 좋은 예로 가비를 꼽을 수 있으며, 질감이 원만하고 바디는 가볍지만 배 아로마와 상쾌한 산미가 있다.

아시아 용어: 물밤

이탈리아/피에몬테-가비Gavi

가르가네가Garganega

가르가네가는 표현할 수 없는 향미를 지니고 있다. 이 포도로 만드는 고급 소아베는 신선한 딜dill(향신료)과 연근의 섬세한 뉘앙스가 있으며 껍질을 벗긴 아몬드 향이다. 일반적으로 오크 숙성은 하지 않으며 라이트 바디로 상큼한 산미가 있다. 과일향이 절제된 은은한 스타일로 음식과 함께 마시는 와인으로 적합하다.

아시아 용어: 연근

이탈리아/베네토-소아베Soave, 소아베 쉬페리외르Soave Superiore, 레초토 디 소아베Recioto di Soave

게뷔르츠트라미너Gewürztraminer

강한 이국적 스파이스와 리치lychee 향이 나며 다른 품종과는 아로마가 확연히 구분된다. 국제적인 화이트 품종으로 알자스에서 가장 뚜렷한 개성을 나타낸다. 강한 아로마와 풍부한 질감의 드라이 스타일과 보트리티스botrytis 영향을 받은 달콤하고 복합적인 스타일도 있다. 알자스 게뷔르츠트라미너의 향기는 꽃 향과 함께 리치, 롱안, 생강 아로마를 풍기며 잔에서 바로 튀어오를 것 같은 생기가 넘친다. 산미는 강하지 않지만 늦게 수확하여 만드는 게뷔르츠트라미너는 수명이 길다. 오스트리아와 이탈리아는 깔끔한 스타일이며, 뉴질랜드와 북서 미국의 와인은 외향적이며 생기가 있다.

아시아 용어: 리치, 양강근, 롱안

프랑스/알자스
이탈리아/트렌티노 알토 아디제Trentino Alto Adige, 프리울리Friuli
스페인/페네데스Penedès
미국/워싱턴/오리건/캘리포니아

화이트

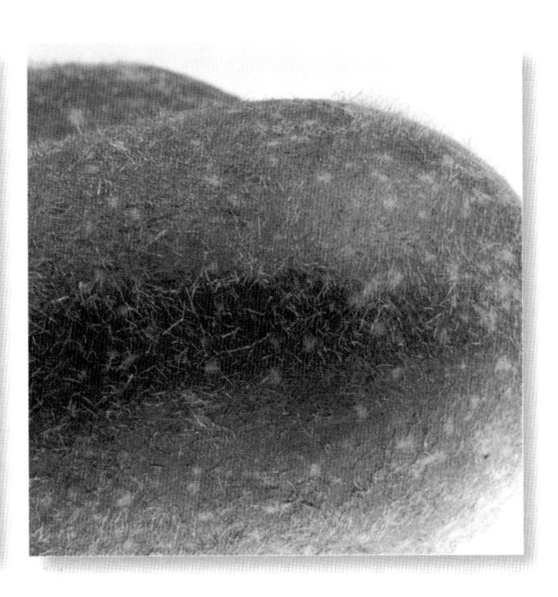

그뤼너 펠트리너 Grüner Veltliner

고향인 오스트리아에서는 산미가 살아 있고 알코올이 적당한 소박한 라이트 바디 와인을 만든다. 스파이스 향으로 흰 후추 향이 독특하다. 잘 익은 스타일은 부추와 미네랄 향보다는 스타 프루트 같은 아시아 과일향으로 기운다. 그러나 그뤼너 펠트리너는 어떤 스타일이든 오크 향이 없고 신선한 산미가 있다. 미네랄 향이 깔리며 흰 후추 향의 피니시는 미묘하고 깊이가 있다.

아시아 용어: 부추, 스타 프루트

오스트리아/니더뢰스터라이히Niederösterreich–박하우Wachau, 캄프탈Kamptal, 크렘스탈Kremstal

마르산Marsanne

마르산은 루산과 종종 블랜딩하며, 호두 쿠키와 아몬드 향의 풍미를 더한다. 풀 바디 와인으로 알코올이 높고 산도는 중간이며 말린 국화와 같은 허브 향이 난다. 론 밸리에서 가장 많이 재배하지만 고품질 마르산은 에르미타주에서 생산한다. 호주의 빅토리아나 캘리포니아 센트럴 코스트, 스페인 북동부와 스위스에서도 찾아볼 수 있다. 스위스에서는 에르미타주 블랑Ermitage Blanc이라 부른다.

아시아 용어: 말린 국화

프랑스/북부 론–생 조제프Saint-Joseph, 크로즈 에르미타주Crozes-Hermitage, 에르미타주/남부 론–꼬뜨 뒤 론Côtes du Rhône
호주/빅토리아Victoria
스위스/발레Valais

뮐러 투르가우Müller-Thurgau

리슬링 실바네르Riesling-Sylvaner의 교잡종으로 독일 전역에서 재배되며 영국이나 유럽 중부처럼 서늘한 기후에서도 볼 수 있다. 대량 생산하는 립프라우밀히Liebfraumilch를 만들 때 주로 사용하며, 독일 와인 생산자들이 부끄럽게 생각할 정도로 평가를 받지 못하고 있다. 북부 이탈리아의 트렌티노 알토 아디제 같은 지역에서는 중국 호박이나 감귤류, 허브 향을 띠는 약간 강한 화이트를 생산한다. 그러나 스위스와 오스트리아, 슬로베니아와 체코 등 유럽 전역에서는 중성적인 향미로 고유한 특성이 나타나지 않는다.

아시아 용어: 중국 호박Fuzzy melon

독일/라인헤센Rheinhessen, 모젤Mosel
이탈리아/트렌티노 알토 아디제Trentino Alto Adige, 프리울리Friuli
중부 동부 유럽/오스트리아, 체코, 헝가리, 슬로베니아
미국/오리건

화이트

뮈스카데Muscadet**/믈롱 드 부르고뉴**Melon de Bourgogne

아시아에서 찾아보기 힘든 품종이며, 최근 세계 다른 지역에서도 인기가 시들해지고 있다. 과일향은 단순하고 중성적이며, 산도가 높고 라이트 바디이다. 풍미가 가득한 과일향 와인과 비교하면 향이 부족하고 싱겁게 느껴진다. 그러나 뮈스카데 쉬르 리Muscadet sur lie는 크림과 같은 질감을 지니며, 강한 미네랄 향과 이스트 향이 난다. 김과 같은 향미를 느낄 수도 있으며 신선한 해산물과 잘 어울린다.

아시아 용어: 김

프랑스/루아르-뮈스카데 드 세브러 에 멘 쉬르 리 Muscadet de Sèvre et Maineet sur Lie, 뮈스카네 Muscadet

뮈스카Muscat**/모스카텔**Moscatel**/**
모스카토Moscato**/뮈스카델**Muscadel

포도 주스 맛으로 어렴풋한 꽃 향과 즙 많은 롱안 향을 지니고 있다. 알자스의 뮈스카 기본 와인은 드라이한 라이트 바디에서 미디엄 바디의 오프 드라이나 아로마 와인까지 다양하다. 이탈리아에서는 알코올 함량이 낮고 가벼운 미디엄 스위트 스파클링 와인인 모스카토 다스티를 만든다. 론의 뮈스카 드 봄 드 브니스, 또는 호주 빅토리아 루더글렌Rutherglen의 리커 뮈스카Liqueur Muscat 등이 유명하다. 뮈스카의 변종이 많지만 뮈스카 블랑 아 쁘띠 그랭Muscat Blanc à Petits Grains이 높이 평가되며, 뮈스카 알렉산드리아Muscat of Alexandria는 평판이 약간 낮다.

아시아 용어: 롱안

프랑스/알자스/론Rhône-봄 드 브니스Beaumes de Venise/랑그독 루시용Languedoc-Roussillon
이탈리아/피에몬테Piedmont-아스티Asti
호주/빅토리아Victoria,
남아공/콘스탄시아Constantia

피노 블랑 Pinot Blanc**/**
바이스부르군더Weissburgunder

피노 블랑은 수줍은 샤르도네라고 할 수 있다. 샤르도네처럼 과일향도 지역에 따라 달라지며, 감귤류에서 나무 과일, 핵과, 멜론, 연씨 등 여러 가지 향이다. 다만 과일향은 샤르도네보다 약하고 희석된 것같이 느껴진다. 알자스에서는 상큼하며 가볍고 단순한 로즈애플 향의 일상 와인을 만든다. 북부 이탈리아와 독일 스타일은 성격이 중성적이며 바디는 깔끔하다. 오스트리아에서는 피노 블랑으로 만든 달콤한 보트리티스 와인이 뛰어나며, 독일 스위트 스타일과 비교하면 가격도 저렴하다.

아시아 용어: 연씨, 로즈애플

프랑스/알자스Alsace
독일/팔츠Pfalz/바덴Baden
이탈리아/프리울리Friuli
오스트리아/부르겐란트Burgenland

화이트

트레비아노Trebbiano/**위니 블랑**Ugni Blanc

이탈리아에서 널리 재배되며 이탈리아 DOC 화이트 와인의 1/3을 차지한다. 프랑스에서는 위니 블랑으로 불리며 꼬냑 지역에서는 매우 중요한 품종이다. 대부분의 트레비아노 기본 와인은 콩나물 냄새와 신선한 허브 향이 난다. 연한 레몬 색으로 라이트 바디이며 산미는 생생하다. 묽고 중성적 성격으로 다른 품종과 블렌딩할 때 주로 사용한다.

아시아 용어: 콩나물

이탈리아/에밀리아 로마냐Emilia Romagna/움브리아Umbria-오르비에토Orvieto/라티움Latium-프라스카티Frascati/아브루초Abruzzo
프랑스/꼬냑Cognac/아르마냑Armagnac

베르데호Verdejo

스페인 루에다 지방 토종 포도로 아로마 품종이다. 마데이라Madeira와 호주에서 재배되는 베르델료Verdelho와는 DNA를 분석한 결과 서로 다른 품종으로 판명이 났다. 루에다에서는 약한 꽃향과 감귤류, 허브 향이 섞여 있는 라이트 바디 와인을 생산한다. 상큼한 산미가 과일향을 감싸고 있으며 은은한 꽃 향, 스타 프루트, 감귤류와 함께 야채 향이 스며 있다. 종종 소비뇽 블랑과 블렌딩한다.

아시아 용어: 스타 프루트

스페인/두에로 밸리Duero Valley-루에다Rueda

베르델료Verdelho

베르델료의 본고장은 태평양 연안의 포르투갈령 마데이라 섬이며, 원래 이곳에서는 강화 와인을 만들었다. 호주에서는 수출 주요 품종은 아니지만 국내에서는 인정받고 있다. 깨끗하고 단순하며 가벼운 꽃 향에서 오크 숙성된 풀 바디 와인까지 다양한 스타일이 있다. 과일향은 신선한 용과 향부터 더운 열대 과일향까지 느낄 수 있으며 단맛과 꽃 향도 난다. 단순한 과일향과 신선한 산미를 즐기려면 어릴 때 바로 마셔야 한다.

아시아 표현: 용과

포르투갈/마데이라Madeira
호주/서 호주/남 호주/뉴사우스웨일스New South Wales

화이트

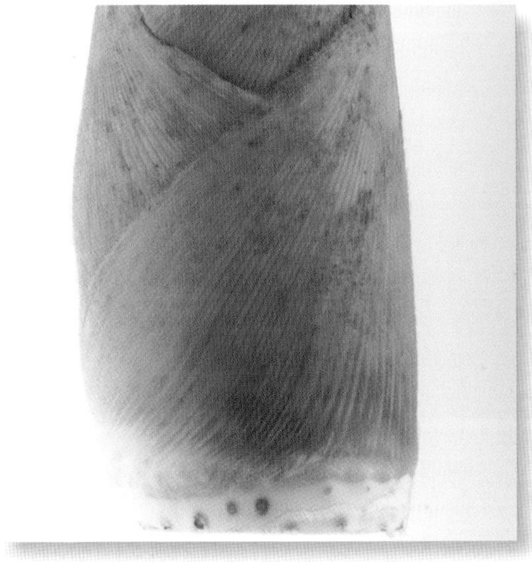

비오니에Viognier

풀 바디의 아로마 품종으로 프랑스의 꽁드리외와 샤또 그리예에서 최상급 와인을 만든다. 향기로운 타이 재스민과 살구 향이 진하며 구조가 단단하고 알코올 함량도 높다. 오래 숙성되면 꿀과 말린 꽃 향기에 아찔해질 정도이다. 그러나 대부분의 비오니에는 일상 와인으로 바로 소비된다. 북부 론에서는 단일 품종으로 생산하며, 적당한 산미와 미네랄 향이 조화를 이루는 풍부한 스타일이다. 꼬뜨 로티에서는 시라에 소량의 비오니에를 첨가하여 꽃 향을 더하고 색깔을 조절한다. 남 호주와 빅토리아에서는 단일 품종도 만든다. 쉬라즈와 블렌딩도 하여 인기를 끌고 있다. 캘리포니아에서는 풀 바디 와인으로 말린 살구 향이 나며 가끔 샤르도네와 블렌딩한다.

아시아 용어: 타이 재스민

프랑스/북부 론Rhône–꽁드리외Condrieu, 샤또 그리예Château. Grillet, 꼬뜨 로티Côte-Rôtie/알자스/남 프랑스
호주/남 호주/빅토리아
미국/캘리포니아

비우라Viura**/마카베오**Macabeo

비우라는 리오하 화이트와 동의어로 이 지역의 유명한 와인이다. 전통적 스타일은 오크 숙성으로 바닐라와 토스트 향이 나며, 오크 향이 강하여 과일향을 누르기도 한다. 미디엄 바디로 산미는 적당하고 질감은 부드럽다. 현대적 스타일은 오크 숙성을 줄여 감귤류와 죽순, 배향을 더 느낄 수 있다. 고급 리오하 화이트는 비우라와 바디가 강한 말바지아Malvasia를 블렌딩한다. 카탈루냐에서는 토종 파레야다Parellada와 샤렐로Xarello를 섞어 샴페인 방식의 스파클링 와인인 카바를 만든다.

아시아 용어: 죽순

스페인/에브로 강 상류Upper Ebro–리오하Rioja/카탈루냐Catalunya-카바Cava

포도나무는 비타체아vitaceae(포도과)라는 꽃나무 종에 속하며 그중 비티스vitis(포도)는 포도 열매를 맺는 주요 속에 속한다. 비티스 속에 60여 가지의 종이 있지만 그 중 유럽 연합에서 인정한 포도 종은 비티스 비니페라Vitis vinifera 뿐이다. 이 책에 수록된 품종은 비티스 비니페라의 수천 개 품종 중 일부에 불과하다. 품종 안에서도 각 품종의 수많은 변종이 있으며 성격이 모두 다르다. 피노 누아 또는 샤르도네와 같은 특정 품종의 변종들은 그 품질도 다르며 수확량에서도 차이가 난다.

참고 문헌

Beckett, F., Beazley, M. 1999. *Wine by Style*. London, UK.
Octopus Publishing Group Ltd.

Bird, D., 2005. *Understanding Wine Technology*. London, UK.
DBQA Publishing.

Cernilli, D., Sabellico, M., 2000. *The New Italy*. London, UK.
Octopus Publishing Group Ltd.

Draper, P., 2008. *Wine & Philosophy*. Australia.
Blackwell Publishing Ltd.

Goode, J., 2005. *The Science of Wine*. California, USA.
California Press Berkeley.

Halliday, J., 2009. *The Australian Wine Encyclopedia*. Australia.
Hardie Grant Books.

Jackson, R., 2000. *Wine Science*. California, USA.
Academic Press.

Jefford, A., 2002. *The New France*. London, UK.
Octopus Publishing Group Ltd.

Johnson, Hugh., 1983. *Wine Companion*. London, UK.
Octopus Publishing Group Ltd.

Johnson, H., & Robinson, J., 2007. *The World Atlas of Wine*. London, UK.
Octopus Publishing Group Ltd.

Johnson, H., & Halliday, J., 1992. *The Vintner's Art: How Great Wines Are Made*. Singapore.
Toppan Printing Co., (H.K.) Ltd.

Norman, R., 1995. *Rhone Renaissance*. London, UK.
Reed International Books Ltd.

Radford, J., 2004. *The New Spain*. London, UK.
Octopus Publishing Group Ltd.

Robinson, J., 2006. *The Oxford Companion to Wine*. New York, USA.
Oxford University Press.

Robinson, J., 1994. *Vines, Grapes and Wines. Manchester*, UK.
Reed International Books Ltd.

Schuster, M., 1992. *Understanding Wine,*
A Guide to Wine Tasting and Wine Appreciation. London, UK.
Mitchell Beazley International Ltd.

Zraly, K., 2007. *Windows On The World Complete Wine Course*. New York, USA.
Sterling Publishing Co., Inc.

Williamson, P., & Moore, D., 2007. *Wine Behind the Label 2008:*
The Ultimate Guide to the World's Leading Wine Providers and Their Wine. London, UK.
Williamson Moore Publishing Ltd.

Wine & Spirit Education Trust, 2005.
Exploring the World of Wines and Spirits. London, UK.
Wine & Spirit Education Trust.

사진 목록

Asian Palate Limited
Babich Wines
Barossa Grape & Wine Association (BGWA)
Bureau Interprofessionnel des Vins de Bourgogne (BIVB)
Cape Mentelle
Château Margaux
Riana Chow
Le Conseil Interprofessionnel du Vin de Bordeaux (CIVB)
Deutsches Weininstitut
Domaine du Castel
Instituto Español de Comercio Exterior (ICEX)
Pei-Lin Liew
Maison Joseph Drouhin
Maison Louis Jadot
Misha's Vineyard
Mission Estate Winery
© Napa Valley Vintners Association / Jason Tinacci
Neudorf Vineyards
Palliser Estate Wines
Robert Mondavi Winery
Seifried Winery
Villa Maria, Omahu Gravels Vineyard
© WhyEnvy Photography / Vincent Tsang
Winegrowers of Ara
Wither Hills
Wooing Tree Vineyard
Yealands Estate

iStockPhoto
© iStockPhoto / aimintang
© iStockPhoto / bfisk
© iStockphoto / BrainAJackson
© iStockPhoto / BruceBlock
© iStockPhoto / dionisvero
© iStockPhoto / duckycards
© iStockPhoto / FrankvadenBergh
© iStockPhoto / GelatoPlus
© iStockPhoto / goodaftermoon
© iStockPhoto / izusek
© iStockPhoto / jelen80
© iStockPhoto / laughingmango
© iStockPhoto / lazywing
© iStockPhoto / menonsstocks
© iStockPhoto / morningarage
© iStockPhoto / Nikada
© iStockPhoto / RobertDodge
© iStockPhoto / Saddako
© iStockPhoto / tunart
© iStockPhoto / TianYuanOnly
© iStockPhoto / volschekh
© iStockPhoto / yula

Comité Interprofessionnel du vin de Champagne (CIVC)
© CIVC / Alain Cornu
© CIVC / Michel Guillard
© CIVC / Frederic Hadengue
© CIVC / John Hodder
© CIVC / Claude et Francoise Huyghens Danrigal

Shutterstock
© shutterstock / Adshooter
© shutterstock / Branislav Senic
© shutterstock / Chiyacat
© shutterstock / Emin Ozkan
© shutterstock / Liewluck
© shutterstock / Liz Van Steenburg
© shutterstock / Marko Cerovac
© shutterstock / Martina I. Meyer
© shutterstock / mrfotos
© shutterstock / Pakhnyushcha
© shutterstock / pandapaw
© shutterstock / slava_vn

Photothèque Inter-Rhône
© Press France / Serge Chapuis
© Press France / Christophe Grilhé

$48